长江治理与保护报告

2024

长江治理与保护科技创新联盟　编

长江出版社
CHANGJIANG PRESS

图书在版编目（CIP）数据

长江治理与保护报告 2024 / 长江治理与保护科技创新联盟编 .
武汉：长江出版社，2024. 9. -- ISBN 978-7-5492-9798-6

Ⅰ . TV882.2；TV213.4

中国国家版本馆 CIP 数据核字第 20247MF844 号

长江治理与保护报告 2024
CHANGJIANGZHILIYUBAOHUBAOGAO 2024
长江治理与保护科技创新联盟　编

责任编辑： 郭利娜
装帧设计： 汪雪
出版发行： 长江出版社
地　　址： 武汉市江岸区解放大道 1863 号
邮　　编： 430010
网　　址： https://www.cjpress.cn
电　　话： 027-82926557（总编室）
　　　　　　027-82926806（市场营销部）
经　　销： 各地新华书店
印　　刷： 武汉精一佳印刷有限公司
规　　格： 787mm×1092mm
开　　本： 16
印　　张： 11.75
拉　　页： 3
字　　数： 280 千字
版　　次： 2024 年 9 月第 1 版
印　　次： 2024 年 12 月第 1 次
书　　号： ISBN 978-7-5492-9798-6
定　　价： 96.00 元

长江治理与保护报告
2024

编委会

前言

　　长江是中华民族的母亲河，是中华民族永续发展的重要支撑。长江流域是我国水资源配置的重要战略水源地、重要的清洁能源战略基地、横贯东西的"黄金水道"、重要的生态安全屏障区，在我国经济社会发展和生态环境保护中具有十分重要的战略地位。

　　2023年是全面贯彻落实党的二十大精神的开局之年，也是"十四五"规划承上启下的关键之年。10月12日，习近平总书记在江西省南昌市主持召开进一步推动长江经济带高质量发展座谈会并发表重要讲话，为进一步推动长江经济带高质量发展指明了前进方向、提供了根本遵循。同年，长江治理与保护迈上了有法可依、有章可循的新台阶。1月，中共中央办公厅、国务院办公厅印发《关于加强新时代水土保持工作的意见》；3月，《长江流域控制性水工程联合调度管理办法（试行）》正式施行；5月，中共中央、国务院印发《国家水网建设规划纲要》；6月，水利部、自然资源部联合印发实施《地下水保护利用管理办法》；9月，《中华人民共和国青藏高原生态保护法》正式施行；12月，交通运输部办公厅印发《关于加快推进长江航运信用体系建设的意见》。

　　2023年，长江治理与保护科技创新联盟（以下简称"联盟"）各成员单位①以习近平新时代中国特色社会主义思想为指导，深入学习贯彻习近平总书记重要指示精神和关于推动长江经济带高质量发展系列重要讲话精神，着力聚焦长江治理与保护重点难点热点问题，有序保障长江流域高质量发展全面推进。水旱灾害防御方面，成功

---

① 报告中涉及联盟成员单位使用简称，对应单位全称见附录1。

应对枯水旱情、金沙江上游超历史实测记录洪水、汉江秋汛和台风"杜苏芮"影响等复杂挑战，赢得防汛、蓄水双胜利；水资源综合利用与保护方面，落实水资源刚性约束制度，实现流域用水总量、用水消耗量双下降，深入实施国家节水行动，全面完成长江流域23条跨省江河流域水量分配，确定长江流域重要跨省河流初始水权；航运发展方面，全面完善基础设施体系，优化调整运输结构，抓实安全保障工作，推进航运绿色发展，全力以赴保通保畅保运输；水环境保护与综合治理方面，通过排查整治、现场核实、重点抽测等方式进一步加大水污染防治力度与深度，流域水土流失面积持续逐年递减；水生态保护与修复方面，长江流域水生态考核机制逐步完善成型，重点水域"十年禁捕"渐现成效，水生生物资源恢复向好；流域综合管理方面，法规制度体系逐步健全完善，监督管理与执法持续走深走实，长江水文化建设深化多元发展；智慧长江建设方面，数字孪生水利建设先行先试任务全面收官，新一代长江流域气象业务一体化工作平台基本建成，长江航运进入基础设施、行业管理、公共服务全面智慧化的新阶段；科技创新方面，扎实推进流域治理管理相关重大问题专题研究，全方位科技助力长江大保护和长江经济带高质量发展。

为分析总结2023年长江治理与保护取得的成效、经验，介绍长江治理与保护重大问题研究成果，响应社会关切，联盟组织编制《长江治理与保护报告2024》，经长江委审核后公开发布。报告结合长江流域特点和社会关注热点，介绍了2023年长江流域气候条件、水资源、水环境、水生态、生态环境、河道水沙、航运等基本概况，详细阐述了长江流域水旱灾害防御、水资源综合利用与保护、航运发展、水环境保护与综合治理、水生态保护与修复、流域综合管理、智慧长江建设等方面的治理与保护成效，展示了本年度长江治理与保护工作中联盟成员单位的科技创新相关亮点特色工作、代表性成果及重大问题研究进展。

目　录

第1章　概　述

2023 年是全面贯彻党的二十大精神的开局之年,联盟各成员单位以习近平新时代中国特色社会主义思想为指引,深入贯彻落实习近平总书记在进一步推动长江经济带高质量发展座谈会上的重要讲话精神,坚持完整、准确、全面贯彻新发展理念,坚持共抓大保护、不搞大开发,坚持生态优先、绿色发展,以科技创新为引领,统筹推进生态环境保护和经济社会发展,加强政策协同和工作协同,为进一步推动长江治理与保护工作凝心聚力、担当作为,在水旱灾害防御、水资源综合利用与保护、航运发展、水环境保护与综合治理、水生态保护与修复、流域综合管理和智慧长江建设等方面取得了一系列成效。

1.1　长江流域基本状况

1.1.1　气候条件状况

（1）降水

1）降水总体略偏少,但汉江上游较常年偏多 32.5%

根据长江流域 700 多个气象站监测资料,2023 年长江流域平均降水量 1137mm,较常年(1199mm)偏少 5%(图 1.1-1)。上游平均降水量 903mm,较常年(964.9mm)偏少 6%;中下游平均降水量 1294mm,较常年(1357.2mm)偏少 5%。在 10 个子流域中,汉江上游面雨量较常年偏多 32.5%,太湖、嘉陵江、长江干流、乌江偏多不足 10%,金沙江、洞庭湖偏少 10%,岷江、汉江中下游、鄱阳湖偏少不足 10%(表 1.1-1)。

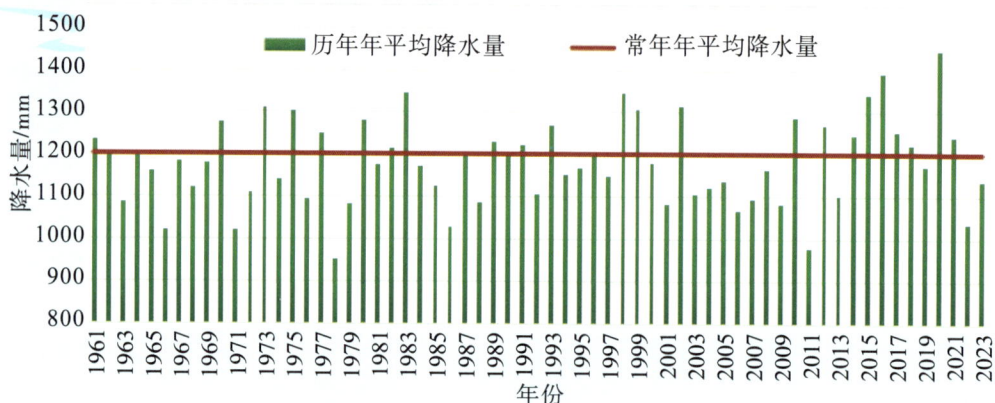

图 1.1-1　1961—2023 年长江流域年平均降水量逐年变化(单位:mm)

表 1.1-1　2023 年长江流域 10 个子流域面雨量及距平

流域名称	面雨量/mm	距平/%
金沙江	671.9	-14.7
岷江	886.7	-6.9
嘉陵江	944.3	3.3
乌江	1103.8	0.8
汉江上游	1125.0	32.5
汉江中下游	1087.1	-5.8
长江干流	1245.0	1.8
洞庭湖	1242.7	-12.5
鄱阳湖	1615.0	-3.6
太湖	1291.7	4.3

2)降水分布不均

2023 年长江流域仅 4 月、9 月面雨量较常年同期偏多 8% 和 15%,其他月份中除 1 月、12 月较常年同期偏少 53% 和 28% 外,其余各月偏少不超过 20% 或基本持平。从长江上游来看,3 月面雨量偏多 30.1%,1 月、5 月和 12 月偏少 36%～56%;从长江中下游来看,9 月面雨量偏多 41.3%,1 月偏少 49.6%(表 1.1-2)。

表 1.1-2

2023 年长江流域 10 个子流域及上游、中下游月面雨量及距平

流域名称	降水主要特征值	1月	2月	3月	4月	5月	6月	7月	8月	9月	10月	11月	12月
金沙江	降水量/mm	1.1	3.4	10.3	10.0	25.3	122.9	138.7	208.9	69.8	63.8	9.5	7.7
	距平/%	−88.4	−51.4	−29.9	−61.7	−60.8	−14.8	−22.3	36.5	−39.2	17.5	−37.1	51.0
岷江	降水量/mm	2.9	11.8	53.3	65.2	78.1	72.5	185.5	200.0	124.0	67.2	24.6	1.1
	距平/%	−67.4	−8.5	71.4	5.5	−18.7	−47.1	−3.9	−3.6	3.9	17.5	30.2	−86.6
嘉陵江	降水量/mm	4.4	14.6	46.9	81.2	85.3	107.2	201.9	134.8	154.1	84.8	26.0	2.7
	距平/%	−58.5	15.0	55.8	34.2	−16.3	−21.1	11.8	−8.1	22.8	19.8	−5.1	−74.5
乌江	降水量/mm	12.7	25.3	58.0	89.6	115.5	190.3	218.2	158.9	98.5	90.4	35.8	10.0
	距平/%	−50.4	13.5	32.4	5.7	−23.3	−7.6	19.4	22.1	1.1	0.7	−10.5	−51.9
汉江上游	降水量/mm	3.8	19.9	36.8	86.6	144.5	119.3	164.5	162.1	228.9	112.4	31.1	14.7
	距平/%	−54.2	59.2	14.3	55.5	55.4	5.3	5.7	21.7	79.5	44.1	0.6	79.3
汉江中下游	降水量/mm	17.3	34.3	41.7	210.6	184.5	141.9	148.1	68.7	83.0	40.1	64.1	52.4
	距平/%	−57.3	−33.4	−43.4	80.0	23.9	−22.1	−30.7	−39.8	18.6	−39.6	25.4	111.3
长江干流	降水量/mm	22.0	44.0	58.9	112.1	134.9	186.3	253.5	154.5	132.3	66.4	44.1	35.6
	距平/%	−47.6	−9.1	−24.4	5.4	−1.4	−6.1	24.9	−1.7	34.3	−8.2	−14.7	17.1
洞庭湖	降水量/mm	17.0	71.3	119.8	169.9	149.4	206.8	113.7	142.3	78.6	66.9	81.8	24.6
	距平/%	−73.0	1.0	−3.5	12.3	−25.5	−7.6	−35.3	7.6	−3.8	−15.5	14.7	−46.6

续表

流域名称	降水主要特征值	1月	2月	3月	4月	5月	6月	7月	8月	9月	10月	11月	12月
鄱阳湖	降水量/mm	53.8	116.6	171.1	241	199.8	263.9	155.2	152.4	96.8	52.2	84.6	27.1
	距平/%	−34.9	20.5	−8.5	21.2	−12.9	−11.2	−7.9	7.0	23.6	−2.2	5.7	−54.9
太湖	降水量/mm	49.1	77.1	63.7	38.8	109.6	289.1	261.7	144.0	160.7	22.8	35.0	39.4
	距平/%	−32.9	17.4	−34.8	−53.4	11.6	36.4	65.4	−18.4	58.2	−65.5	−38.5	−19.6
长江上游	降水量/mm	6.6	16.2	47.1	63.9	73.7	126.3	199.5	179.7	117.5	83.3	25.7	6.7
	距平/%	−56.0	−6.4	30.1	−8.5	−36.0	−20.9	6.1	8.6	−2.1	11.1	−16.8	−51.8
长江中下游	降水量/mm	29.6	70.6	97.5	151.3	160.9	219.7	186.7	147.7	124.5	58.1	62.3	34.8
	距平/%	−49.6	5.1	−15.1	12.3	−4.3	−0.9	1.1	1.8	41.3	−15.3	−3.1	−16.7

3)区域性暴雨过程发生频次高

2023年,流域共出现12次大范围区域性暴雨过程。其中,春季(3—5月)大范围区域性暴雨过程主要出现在4月2—6日和5月4—7日、21—22日;主汛期(6—8月)大范围区域性暴雨过程主要出现在6月16—19日、20—25日,7月2—4日、7—9日、12—14日、25—28日和8月26—27日;秋汛期(9—10月)大范围区域性暴雨过程主要出现在9月10—12日和18—21日。综合评估12次大范围区域性暴雨过程发现,6月16—19日、20—25日和7月25—28日3次过程综合强度最强(表1.1-3)。

表 1.1-3 **2023年长江流域3次最强大范围区域性暴雨过程及主要特征值**

发生时间	大范围暴雨出现区域	暴雨站日	大暴雨站日	过程最大降水量/mm	日最大降水量/mm
6月16—19日	汉江中东部、长江干流区部分地区、太湖、乌江部分地区、两湖流域北部	138	30	282.4 (句容)	196.0 (普定,19日)
6月20—25日	两湖流域、长江下游干流区南部、太湖南部	167	32	358.0 (新干)	189.1 (奉贤,24日)
7月25—28日	嘉陵江西南部、长江上游干流区西部、洞庭湖西北部	98	28	316.4 (璧山)	185.6 (安岳,28日)

(2)气温

1)年平均气温排1961年以来第一

2023年长江流域平均气温17℃,较常年偏高0.8℃(图1.1-2),排1961年以来首位。各地年平均气温−4.1~23.5℃,其中金沙江上游−4.1~10℃,金沙江下游、岷江上游、嘉陵江上游、乌江上游、汉江上游10~16℃,其他大部16~23.5℃。与常年同期相比,嘉陵江下游、汉江上游、中游干流区部分地区偏高0.1~0.5℃,其他大部地区偏高0.5~2.6℃,共有532站年平均气温居历史同期前5位,其中180站居历史同期首位。

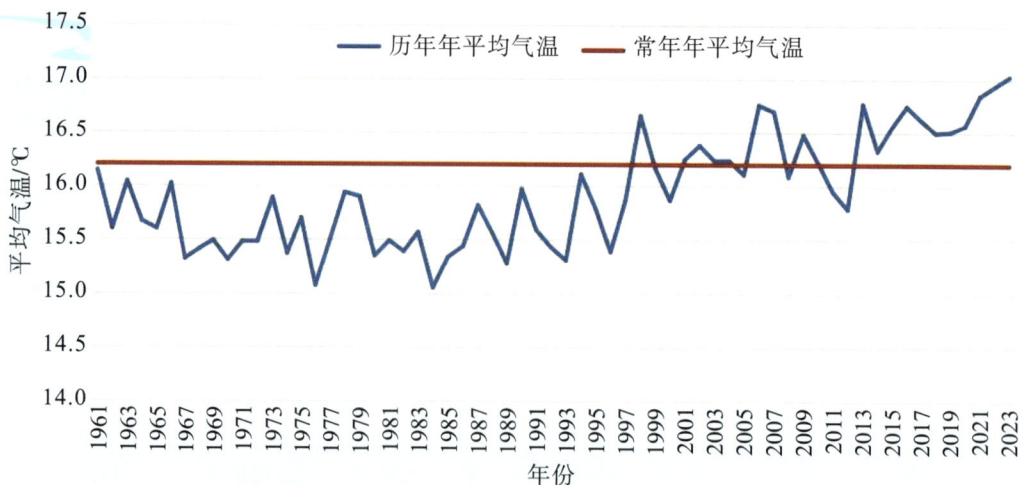

图 1.1-2　1961—2023 年长江流域年平均气温逐年变化(单位:℃)

2)四季气温持续偏高

1—2 月长江流域平均气温 6.8℃,较常年同期偏高 0.9℃;春季平均气温 17.2℃,较常年同期偏高 1℃,仅次于 2018 年的 17.7℃,共 37 站排历史同期首位;夏季平均气温 25.8℃,较常年同期偏高 0.5℃;秋季平均气温 18℃,较常年同期偏高 1.1℃,仅次于 2022 年的 18.1℃,共 134 站排历史同期首位。

3)大范围持续高温和大范围冷空气

长江流域大范围持续高温过程主要出现在 7 月 9—13 日、8 月 3—6 日和 16—18 日,其中 7 月 11 日高温范围最广,流域 64%(473 站)面积出现高温。大范围冷空气过程主要出现在 1 月 14—16 日,3 月 12—13 日、16—17 日,4 月 4—8 日、21—24 日,9 月 20—22 日,12 月 10—12 日和 14—16 日,其中 1 月 14—16 日、12 月 14—16 日冷空气过程综合强度最强,全流域分别有 50%、33% 的区域达寒潮等级,最大降温幅度分别为 22.2℃和 24.2℃。

1.1.2　水资源状况[①]

(1)水资源量

1)地表水资源量

2023 年长江流域地表水资源量为 8803.19 亿 m³,折合年径流深为 493.5mm,比多年平均值偏少 9.9%,比 2022 年增加 3.7%。与 2022 年比较,8 个二级区增加,其

[①]数据来源于《长江流域及西南诸河水资源公报 2023》。

中汉江、宜宾至宜昌、太湖水系、湖口以下干流分别增加90.1%、54.0%、44.3%、41.7%;4个二级区减少,其中洞庭湖水系减少28.2%。

2)地下水资源量

2023年长江流域地下水资源量为2326.68亿 m^3,比多年平均值偏少5.0%,比2022年增加0.7%。其中,平原区地下水资源量为251.98亿 m^3,山丘区地下水资源量为2089.79亿 m^3,平原区与山丘区之间地下水资源重复计算量为15.09亿 m^3。长江流域地下水资源平均模数为13.2万 m^3/km^2,以鄱阳湖水系20.9万 m^3/km^2 为最大,以金沙江石鼓以上8.0万 m^3/km^2 为最小。

3)水资源总量

2023年长江流域水资源总量为8909.99亿 m^3,比多年平均值偏少9.7%,比2022年增加3.7%。地下水资源与地表水资源不重复量为106.80亿 m^3,占地下水资源量的4.6%,即说明地下水资源量的95.4%与地表水资源量重复。2023年长江流域水资源二级区水资源量见表1.1-4。

表1.1-4 　　　　　　　　　　2023年长江流域水资源二级区水资源量

水资源二级区	地表水资源量 /亿 m^3	地下水资源量 /亿 m^3	地下水资源与地表水 资源不重复量/亿 m^3	分区水资源 总量/亿 m^3
长江流域	8803.19	2326.68	106.80	8909.99
金沙江石鼓以上	481.65	173.31	0.00	481.65
金沙江石鼓以下	861.32	249.56	0.00	861.32
岷沱江	863.33	238.04	1.32	864.65
嘉陵江	637.07	142.66	0.90	637.97
乌江	495.75	144.22	0.00	495.75
宜宾至宜昌	687.76	135.51	0.00	687.76
洞庭湖水系	1454.52	392.67	8.83	1463.35
汉江	730.56	208.59	21.68	752.24
鄱阳湖水系	1360.71	338.75	20.25	1380.96
宜昌至湖口	552.13	146.90	13.89	566.02
湖口以下干流	474.16	111.46	24.44	498.60
太湖水系	204.23	45.01	15.49	219.72

4)入海水量及跨流域调水

2023年长江流域入海水量为7040亿 m^3,淮河入江水道年净入江水量91.12亿 m^3。

2023 年,南水北调中线一期工程陶岔渠首共计引调水量 74.11 亿 m³。南水北调东线一期工程向山东调水和东线北延工程向黄河以北调水分别为 8.5 亿 m³ 和 2.77 亿 m³,实施生态补水 7.95 亿 m³,助力京杭大运河实现近百年连续两年全线水流贯通,促进黄淮海流域河湖生态环境改善。

(2)水资源利用

1)供水量

2023 年长江流域总供水量为 2053.73 亿 m³,占当年水资源总量的 23.01%。其中,地表水源供水量为 1974.02 亿 m³,占总供水量的 96.1%;地下水源供水量为 30.94 亿 m³,占总供水量的 1.5%;其他水源供水量为 48.77 亿 m³,占总供水量的 2.4%。与 2022 年比较,总供水量减少 89.85 亿 m³。其中,地表水源供水量减少 94.16 亿 m³,地下水源供水量减少 7.05 亿 m³,其他水源供水量增加 11.36 亿 m³。2023 年长江流域水资源二级区供用水量见表 1.1-5。

表 1.1-5　　　　　　　　2023 年长江流域水资源二级区供用水量

水资源二级区	供水量/亿 m³				用水量/亿 m³				
	地表水源	地下水源	其他水源	总供水量	农业	工业	生活	人工生态环境补水	总用水量
长江流域	1974.02	30.94	48.77	2053.73	1035.49	589.23	345.98	83.03	2053.73
金沙江石鼓以上	3.09	0.06	0.01	3.16	2.43	0.16	0.54	0.03	3.16
金沙江石鼓以下	72.43	1.38	2.71	76.52	48.16	6.22	15.48	6.66	76.52
岷沱江	120.89	3.26	4.66	128.81	78.57	9.15	34.04	7.05	128.81
嘉陵江	91.20	2.87	1.69	95.76	59.77	8.29	25.00	2.70	95.76
乌江	50.54	0.61	0.94	52.09	30.44	7.19	13.69	0.77	52.09
宜宾至宜昌	76.28	1.53	6.56	84.37	34.73	24.37	21.15	4.12	84.37
洞庭湖水系	335.34	6.24	5.45	347.03	226.54	53.65	51.48	15.36	347.03
汉江	146.94	11.16	1.31	159.41	97.42	27.32	22.94	11.73	159.41
鄱阳湖水系	220.48	2.42	3.03	225.93	163.53	31.66	26.92	3.82	225.93
宜昌至湖口	194.17	1.09	6.31	201.57	106.65	47.69	33.82	13.41	201.57
湖口以下干流	328.03	0.28	7.34	335.65	127.42	161.58	38.83	7.82	335.65
太湖水系	334.63	0.04	8.76	343.43	59.83	211.95	62.09	9.56	343.43

2)用水量

2023 年长江流域总用水量为 2053.73 亿 m³。其中,农业用水量为 1035.49 亿 m³,

占总用水量的 50.4%；工业用水量 589.23 亿 m³，占总用水量的 28.7%；生活用水量 345.98 亿 m³，占总用水量的 16.9%；人工生态环境补水量 83.03 亿 m³，占总用水量的 4.0%。与 2022 年比较，总用水量减少 89.85 亿 m³。其中，农业用水量减少 91.96 亿 m³，工业用水量减少 2.91 亿 m³，生活用水量增加 5.00 亿 m³，人工生态环境补水量增加 0.02 亿 m³。

3）用水消耗量

2023 年长江流域用水消耗总量 883.53 亿 m³，比 2022 年减少 60.90 亿 m³，耗水率为 43.0%，比 2022 年略有下降。

4）用水指标

2023 年长江流域人均综合用水量为 438m³，万元国内生产总值（当年价）用水量为 45.3m³，万元工业增加值（当年价）用水量为 42.4m³，耕地实际灌溉亩均用水量为 408m³，城镇人均生活用水量为 250L/d（城镇居民人均生活用水量为 154L/d，城镇公共人均生活用水量为 96L/d），农村居民人均生活用水量为 108L/d。

自 1998 年以来，长江流域年人均综合用水量基本维持在 400～460m³，万元国内生产总值（当年价）用水量呈显著下降趋势，耕地实际灌溉亩均用水量总体上呈缓慢下降趋势（图 1.1-3）。

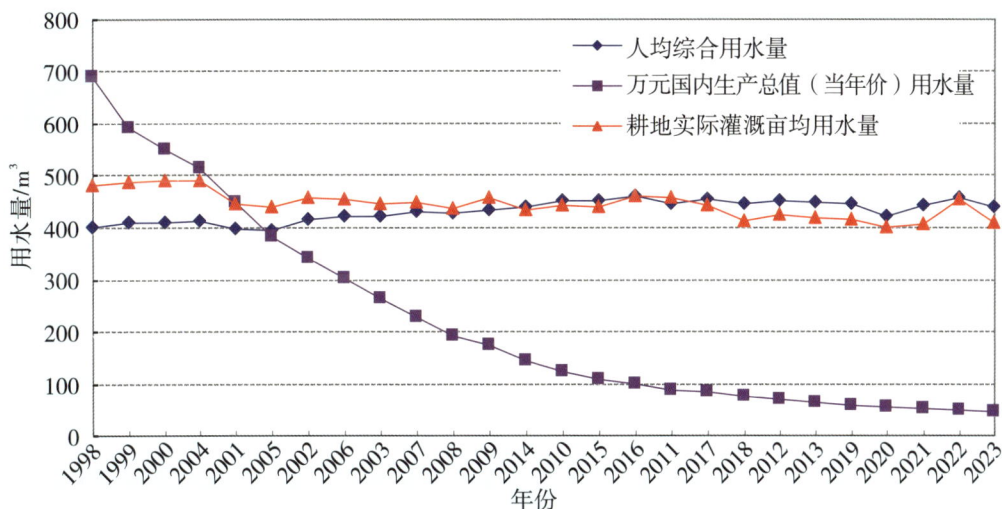

图 1.1-3　1998—2023 年长江流域主要用水指标变化

1.1.3　水环境质量状况

（1）河流水环境状况

2023 年长江流域河流总体水质为优，1017 个国考监测断面中，Ⅰ～Ⅲ类水质断面占 98.5％，比 2022 年占比上升 0.4％；无劣Ⅴ类水质断面，与 2022 年占比持平。

长江干流 82 个监测断面中，水质均为优，Ⅰ～Ⅱ类水质断面占 100％。长江主要支流 935 个监测断面中，总体水质为优，Ⅰ～Ⅲ类水质断面占 98.4％，比 2022 年占比上升 0.4％；Ⅳ～Ⅴ类占比 1.6％，比 2022 年占比下降 0.4％；无劣Ⅴ类水质断面，与 2022 年占比持平（图 1.1-4、图 1.1-5）。

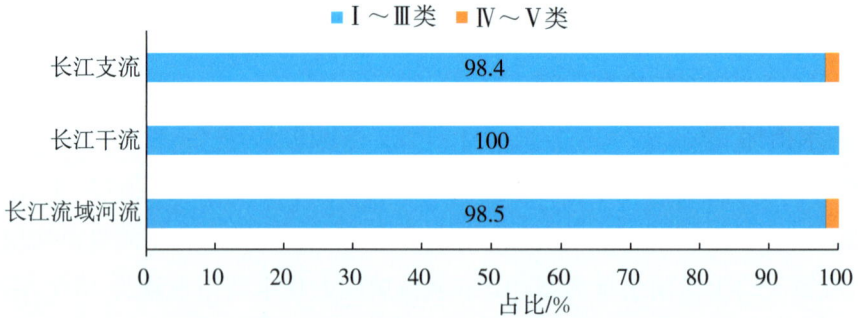

图 1.1-4　2023 年长江流域河流水质类别占比情况

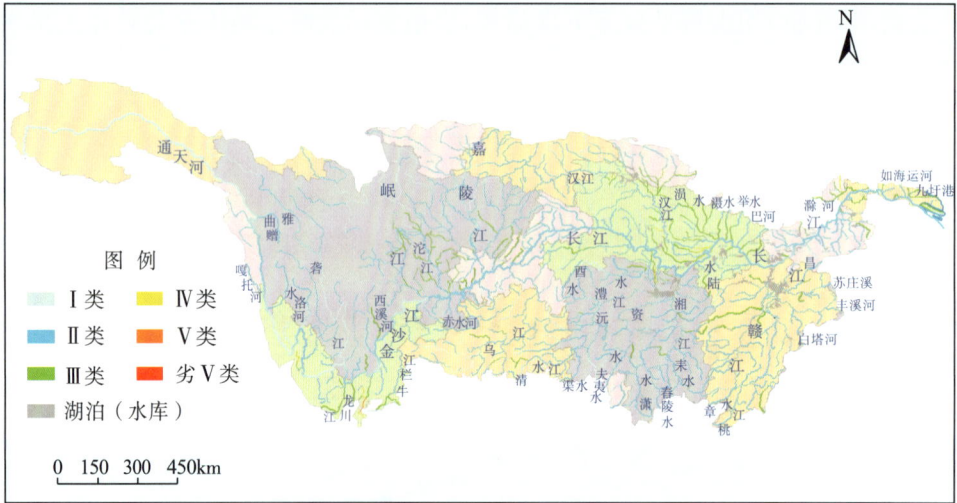

图 1.1-5　2023 年长江流域河流水质分布

（2）主要湖泊水环境状况

2023 年长江流域参与评价的 26 个主要湖泊[①]中，Ⅰ类湖泊 1 个，占 3.8％；Ⅱ类

[①]参评湖泊：程海、泸沽湖、滇池、邛海、红枫湖、草海、梁子湖、斧头湖、洪湖、长湖、黄盖湖、大通湖、洞庭湖、仙女湖、内外珠湖、新妙湖、鄱阳湖、升金湖、南漪湖、武昌湖、泊湖、石臼湖、菜子湖、黄大湖、巢湖、龙感湖。

湖泊 3 个，占 11.5％；Ⅲ类湖 10 个，占 38.6％；Ⅳ类湖泊 9 个，占比 34.6％；Ⅴ类湖泊 2 个，占比 7.7％；劣Ⅴ类湖泊 1 个，占比 3.8％。与 2022 年相比，上述 26 个参评湖泊中，Ⅰ～Ⅲ类占比、Ⅳ～Ⅴ类占比和劣Ⅴ类占比均持平（图 1.1-6）。

开展营养状态监测的 26 个参评湖泊中，贫营养湖泊 1 个，占比 3.8％；中营养湖泊 11 个，占比 42.3％；轻度富营养湖泊 12 个，占比 46.2％；中度富营养湖泊 2 个，占比 7.7％。与 2022 年相比，贫营养湖泊占比下降 3.9％，中营养湖泊占比上升 11.5％，轻度富营养湖泊占比下降 7.6％，中度富营养湖泊占比持平（图 1.1-7）。

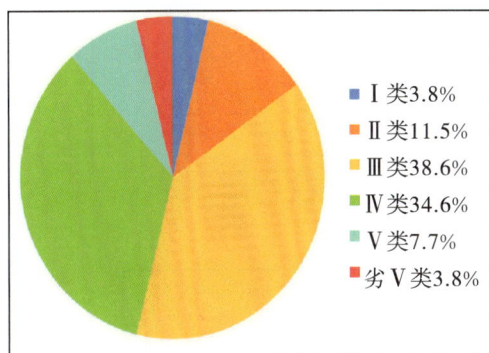

图 1.1-6　2023 年长江流域参评湖泊水质类别

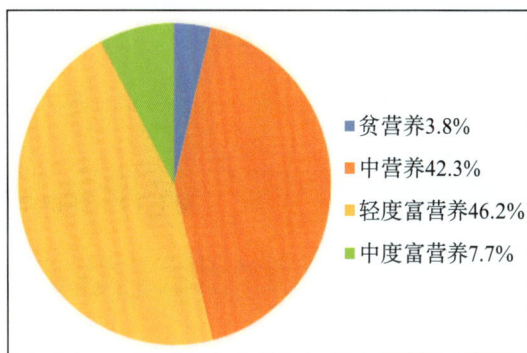

图 1.1-7　2023 年长江流域参评湖泊营养状况

以下选取两个典型湖泊进行重点介绍。

1）巢湖

2023 年巢湖为轻度污染，主要污染指标为总磷，其中，东半湖和西半湖均为轻度污染。全湖整体、东半湖和西半湖均为轻度富营养。巢湖环湖河流水质整体为优，21 个国考监测断面中，Ⅱ类水质断面占 38.1％，Ⅲ类占 61.9％（图 1.1-8）。与 2022 年相比，Ⅱ类水质断面占比下降 14.3％，Ⅲ类占比上升 19.0％，Ⅳ类占比下降 4.8％。

2）滇池

2023 年滇池为轻度污染，主要污染指标为化学需氧量、总磷和高锰酸盐指数，其中，滇池外海为中度污染，滇池草海为轻度污染。全湖整体、滇池外海和草海均为中度富营养。滇池环湖河流水质为优，12 个国考水质监测断面中，Ⅱ类水质断面占 41.7％，Ⅲ类占 58.3％（图 1.1-9）。与 2022 年相比，Ⅱ类水质断面占比上升 8.4％，Ⅲ类占比基本持平，Ⅳ类占比下降 8.3％。

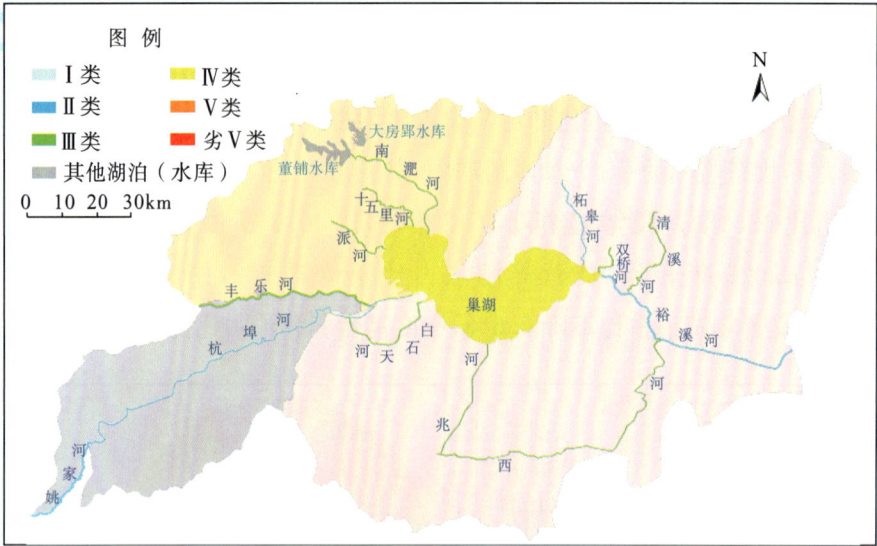

图 1.1-8 2023 年巢湖流域水质分布

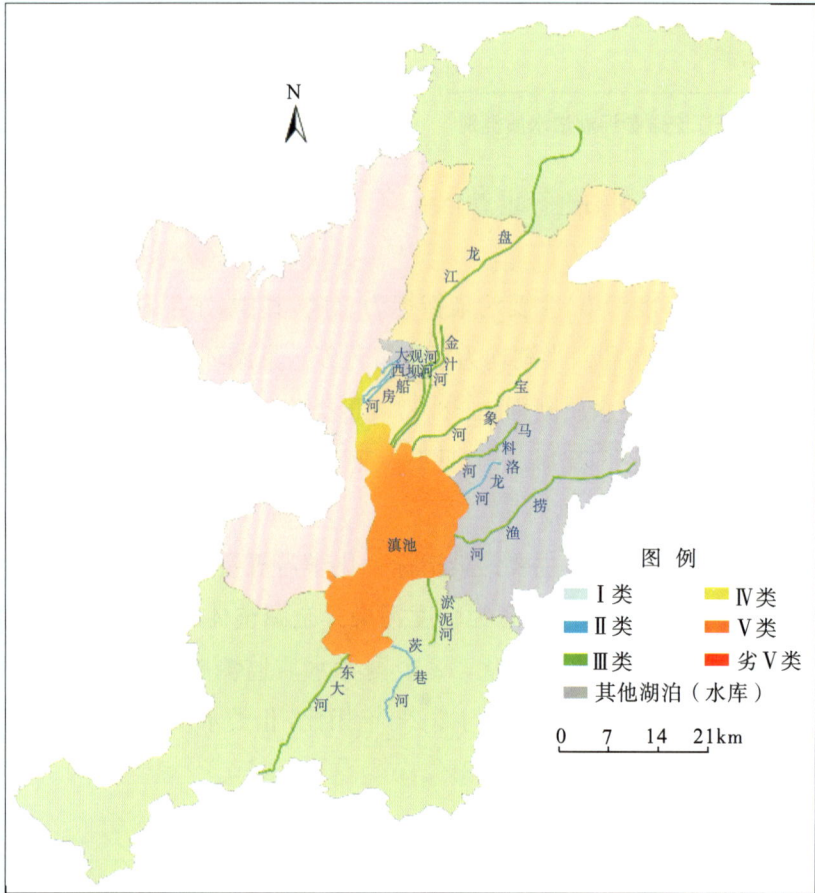

图 1.1-9 2023 年滇池流域水质分布

（3）主要水库水环境状况

2023年长江流域参与评价的24个主要水库[①]中，Ⅰ类水质的水库6个，占比25.0%；Ⅱ类水质的水库11个，占比45.8%；Ⅲ类水质的水库7个，占比29.2%（图1.1-10）。与2022年相比，上述24个水库中，Ⅰ类水质的水库占比、Ⅱ类水质的水库占比和Ⅲ类水质的水库占比均持平。在24个水库中，贫营养水库3个，占12.5%；中营养水库21个，占87.5%（图1.1-11）。与2022年相比，上述24个水库中，贫营养水库占比下降4.9%，中营养水库占比上升4.9%。

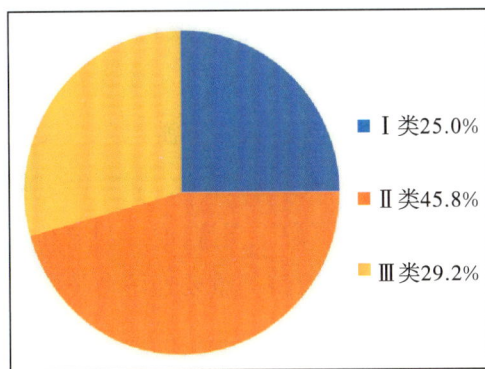

图1.1-10　2023年长江流域参评水库水质类别

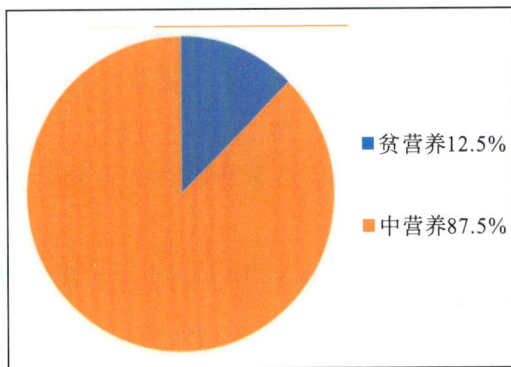

图1.1-11　2023年长江流域参评水库营养状况

（4）省界水体水环境状况

2023年长江流域监测的156个省界断面中，Ⅰ～Ⅲ类水质断面占99.4%，Ⅳ类占0.6%，无Ⅴ类、劣Ⅴ类水质断面。与2022年相比，Ⅰ～Ⅲ类水质断面占比上升0.7%；Ⅳ类水质断面占比下降0.7%。

1.1.4　水生态状况

2024年8月12日，长江办会同长江委、长江局、长航局联合发布了《长江流域水生生物资源及生境状况公报（2023年）》，对2023年长江流域水生态状况进行了系统分析。

（1）水生生物资源

2023年，长江流域监测水域监测到土著鱼类227种，比2022年增加34种；监测

---

①参评水库：松华坝水库、葫芦口水库、鲁班水库、玉滩水库、东风水库、百花湖、富水水库、漳河水库、白莲河水库、隔河岩水库、黄龙滩水库、东江水库、七一水库、柘林湖、洪门水库、瀿湖、石门水库（襄河）、丹江口水库、城西水库、太平湖、大房郢水库、花亭湖、董铺水库、北山水库。

到虾蟹类 26 种、浮游植物 426 种、浮游动物 165 种、底栖动物 96 种。

长江干流监测到土著鱼类 175 种，比 2022 年增加 11 种；Shannon-Wiener 多样性指数为 2.8，与 2022 年持平；单位捕捞量均值为 2.1kg，比 2022 年上升 16.7%。

通江湖泊监测到土著鱼类 99 种，比 2022 年增加 4 种；Shannon-Wiener 多样性指数为 3.1，主要受物种间数量不均匀度增加影响，比 2022 年略下降 6.1%；单位捕捞量均值为 3.6kg，主要受枯水位影响，比 2022 年下降 23.4%。

重要支流监测到土著鱼类 162 种，比 2022 年增加 13 种；Shannon-Wiener 多样性指数为 2.9，与 2022 年基本持平；单位捕捞量均值为 2.3kg，比 2022 年上升 64.3%。

重要经济鱼类资源恢复较快。2023 年，长江中游监利断面"四大家鱼"（青鱼、草鱼、鲢、鳙）卵苗资源量为 59.8 亿粒·尾，受涨水过程平缓、涨水次数偏少等综合因素影响，比 2022 年下降 24.0%，但仍是禁渔前 2020 年的 4.4 倍；长江下游刀鲚汛期单位捕捞量为 30.6kg，主要受年际自然波动及繁殖期来水减少影响，比 2022 年下降 53.6%，但仍是禁渔前 2020 年的 7.3 倍。此外，在长江中下游干支流、通江湖泊和三峡库区共监测到鲥 42 尾。自身恢复能力强的"四大家鱼"、刀鲚等重要经济鱼类资源恢复较快，鲥物种群体出现恢复趋势。

长江流域水生生物种类总体较丰富，多样性保持平稳，长江干支流水生生物资源得到初步恢复，重要经济鱼类资源相比禁渔前有较大恢复，各水域优势种组成仍在变动中。2023 年长江流域监测水域鱼类种类数和单位捕捞量分别见图 1.1-12、图 1.1-13。

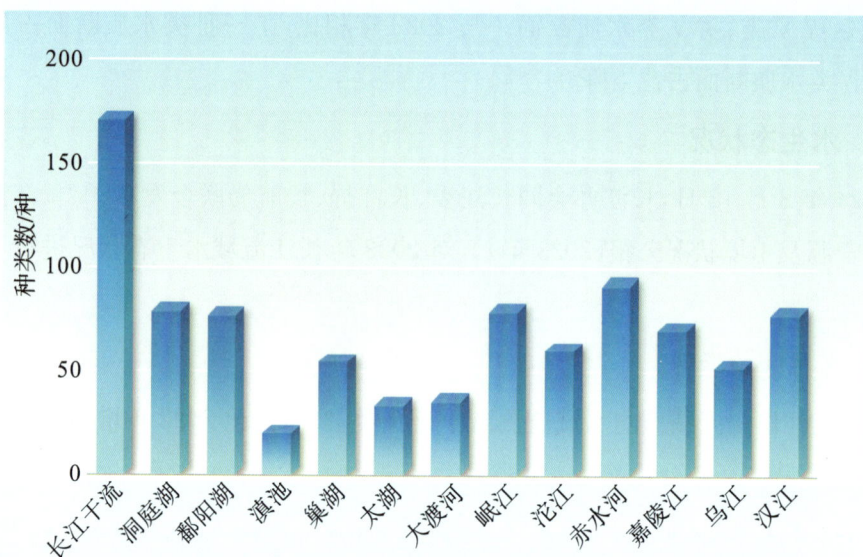

图 1.1-12　2023 年长江流域监测水域鱼类种类数

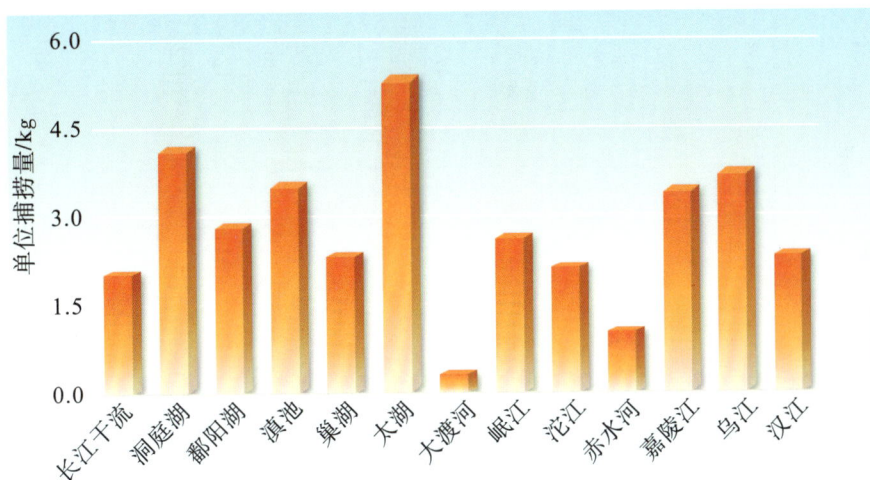

图 1.1-13　2023 年长江流域监测水域鱼类单位捕捞量

（2）重点保护物种

2023 年，长江流域监测水域共监测到国家重点保护水生野生动物 14 种，其中国家一级重点保护水生野生动物 3 种：长江江豚、中华鲟、长江鲟，国家二级重点保护水生野生动物 11 种：胭脂鱼、圆口铜鱼、滇池金线鲃、四川白甲鱼、多鳞白甲鱼、鲈鲤、细鳞裂腹鱼、重口裂腹鱼、岩原鲤、长薄鳅和青石爬鳅。

长江下游及通江湖泊共监测到长江江豚 1118 头次，其中长江下游干流 472 头次、洞庭湖 118 头次、鄱阳湖 528 头次，南京八卦洲至镇江世业洲段、赣江、信江等局部水域分布范围进一步呈现扩散趋势。发现野外死亡长江江豚 69 头，死亡的主要原因是杂物缠绕、螺旋桨误伤、疾病等。

中华鲟自然繁殖群体数量估算为 11 尾，数量极少，未监测到自然繁殖。监测到长江鲟 692 尾，均为人工放流个体，未监测到自然繁殖。

监测到国家二级重点保护水生野生动物 2441 尾（表 1.1-6），与 2022 年相比，新监测到滇池金线鲃、细鳞裂腹鱼和四川白甲鱼。

总体上，圆口铜鱼、岩原鲤等国家二级重点保护物种数量有所上升，但中华鲟、长江鲟仍然没有自然繁殖，保护形势依然严峻。

表 1.1-6

2023 年监测到的国家二级保护野生动物

（单位：尾）

类别	水域	胭脂鱼	圆口铜鱼	滇池金线鲃	四川白甲鱼	多鳞白甲鱼	鲈鲤	细鳞裂腹鱼	重口裂腹鱼	岩原鲤	长薄鳅	青石爬鮡	总计
长江干流	金沙江	3			1		2	35		2			43
	长江上游	113	157							259	3		532
	三峡库区	72	5							205			282
	长江中游	35	1								1		37
	长江下游	2											2
	长江口												0
重要湖泊	洞庭湖	2											2
	鄱阳湖												0
	滇池			475									475
	巢湖	1											1
	太湖												0
重要支流	大渡河						37		272			1	310
	岷江	11							25	10	3		49
	沱江	32								94			126
	赤水河	38	1		1		8			396	10	18	472
	嘉陵江	13				26				51			90
	乌江	2					14			1			17
	汉江	3											3
合计		327	164	475	2	26	61	35	297	1018	17	19	2441

1.1.5　生态环境状况

（1）生态环境质量状况

利用 2007—2023 年的卫星遥感、气象等多源数据对长江流域生态环境质量开展监测评估,结果显示:2023 年长江流域生态环境质量好于 2022 年。

2023 年,长江流域生态环境质量除源头区、四川局部和长江三角洲城市群局部存在一定面积的中等地区外,其他区域均为优良(图 1.1-14),优良面积占比 86.9%,2023 年长江流域遥感生态环境质量指数为 0.70,较 2022 年提高 2.9%,较 2007 年提高 8.4%,2023 年达到 2007 年以来第二高值。

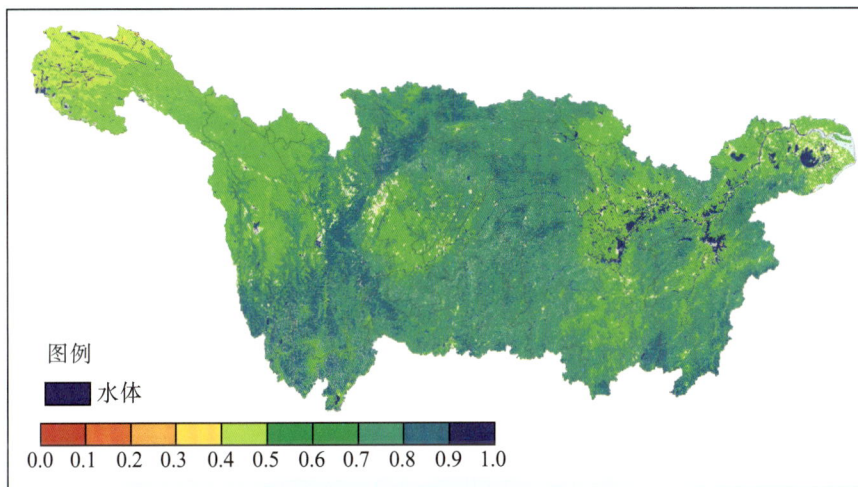

图例
■ 水体
0.0 0.1 0.2 0.3 0.4 0.5 0.6 0.7 0.8 0.9 1.0

图 1.1-14　2023 年长江流域生态环境质量指数分布

2007—2023 年,长江流域大部分生态环境质量指数整体呈增加趋势,流域生态环境质量持续改善(图 1.1-15),表明长江流域生态环境质量向好趋势不变。其中,长江源头区生态环境质量有所改善,四川盆地周围地区原本生态环境质量较好的区域进一步向好,中下游生态环境质量持续提高,但金沙江中下游、岷沱江上游、各省会城市周边、长江三角洲城市群局部地区生态环境质量略有下降(图 1.1-16)。

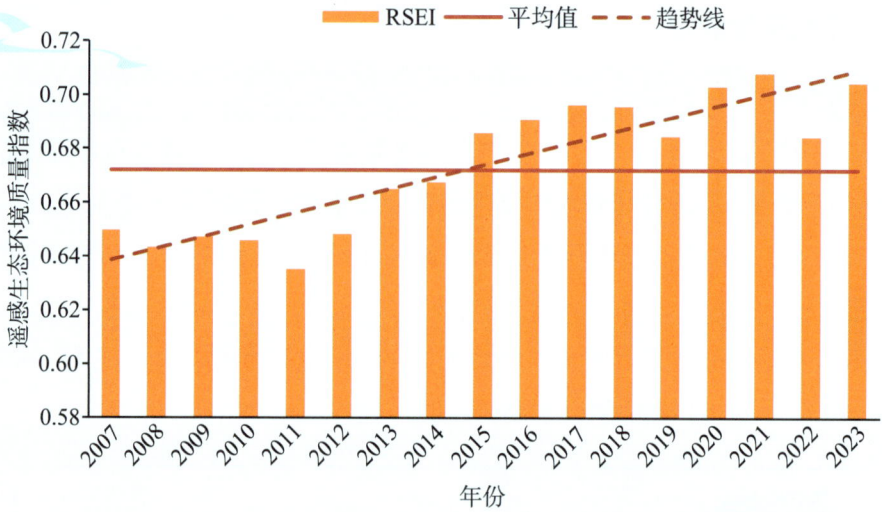

图 1.1-15　2007—2023 年长江流域生态环境质量指数逐年变化

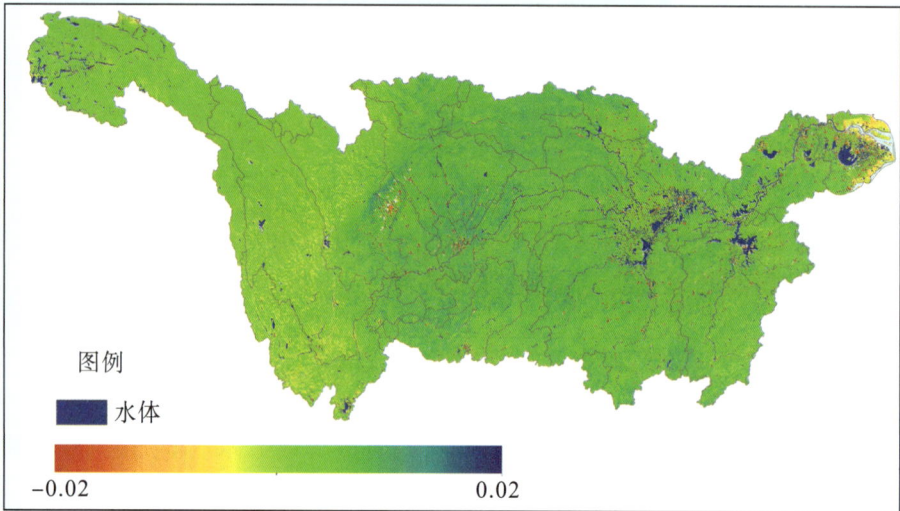

图 1.1-16　2007—2023 年长江流域生态环境质量指数变化趋势空间分布

（2）禁渔效果评估和水生生物完整性指数

自 2021 年 1 月 1 日起,长江流域重点水域实施暂定为期十年的常年禁渔。从总体上看,在沿江各地政府和各有关部门的共同努力下,长江禁渔取得了明显成效,水生生物资源和多样性持续恢复。水生生物资源恢复总体向好,"四大家鱼"、刀鲚等重要经济鱼类资源相比禁渔前恢复较快,物种多样性水平有所提升。部分重点保护物种数量上升,中华鲟等物种仍然未监测到自然繁殖,保护形势依然严峻。水生生物完整性指数得分总体稳定,岷江较 2022 年提升一个评价等级,流域总体仍处于低位。

2021年12月,农业农村部发布实施《长江流域水生生物完整性指数评价办法(试行)》,共分为6个等级,依次为"优""良""一般""较差""差"和"无鱼"。2023年,长江流域重点水域完整性指数自长江禁渔以来持续缓慢回升,但仍处于低位,各重点水域完整性指数情况见图1.1-17。

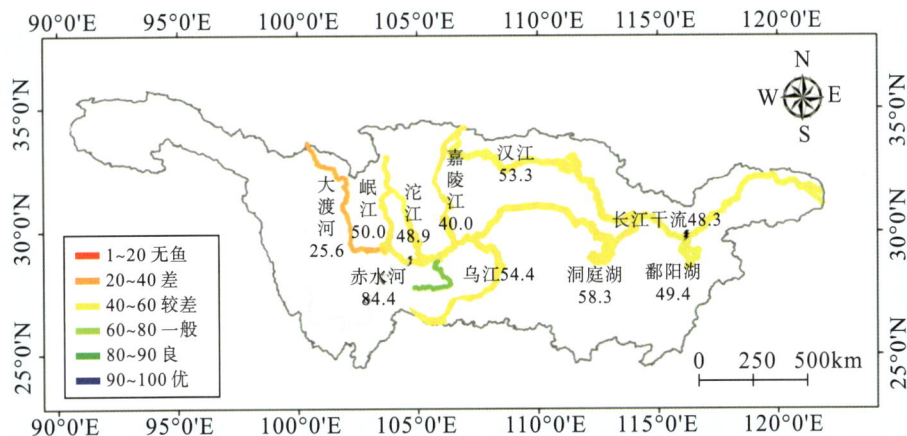

图1.1-17 2023年长江流域重点水域完整性指数情况

1)长江干流

长江干流完整性指数为48.3分,比2022年增加0.5分。完整性指数评价等级为"较差",与2022年持平,评级较低的主要原因是较历史记录数据,监测到的鱼类种类数较少。

2)通江湖泊

洞庭湖完整性指数为58.3分,比2022年增加3.3分。完整性指数评价等级为"较差",与2022年持平,评级较低的主要原因是较历史记录数据,监测到的重点保护物种种类数较少。鄱阳湖完整性指数为49.4分,比2022年减少2.8分。完整性指数评价等级为"较差",与2022年持平,评级较低的主要原因是较历史记录数据,监测到的重点保护物种种类数较少。

3)重要支流

赤水河完整性指数为84.4分,比2022年增加4.4分。完整性指数评价等级为"良",与2022年持平,鱼类资源总体稳定向好。汉江完整性指数为53.3,比2022年增加8.9分。完整性指数评价等级为"较差",与2022年持平,评级较低的主要原因是较历史记录数据,监测到的重要保护物种和区域代表物种数量较少。岷江、沱江、嘉陵江和乌江完整性指数分别为50.0分、48.9分、40.0分和54.4分,评价等级均为"较差",评级较低的主要原因是较历史记录数据,监测到的特有鱼类少、水体连通性较差。大渡河完整性指数为 25.6 分,评价等级为"差",评级低的主要原因是较历史记录数据,监测到的鱼类种类数少。

1.1.6 河道水沙状况

（1）水文泥沙

2003 年以来,长江中下游各站的径流量较蓄水前略有减少,受上游来沙减少和三峡水库拦沙等因素的共同影响,各站输沙量大幅减少,河道沿程冲刷剧烈,河道冲刷已发展至河口。

1）长江上游

2023 年,长江上游来水偏枯明显,来沙显著偏少。与 2003—2022 年均值相比,金沙江向家坝站径流量偏少 12%,由于金沙江下游梯级水库拦沙,输沙量偏少 99%（表 1.1-7）；横江站、岷江高场站、沱江富顺站径流量分别偏少 20%、18%、23%,输沙量分别偏少 74%、78%、86%；嘉陵江北碚站径流量偏少 20%,输沙量偏少 70%；乌江武隆站径流量偏少 33%,输沙量偏少 71%（表 1.1-8）。

表 1.1-7　　　　金沙江主要水文站径流量和输沙量与多年均值比较

项目		石鼓	攀枝花	白鹤滩	向家坝
集水面积/km²		214184	259177	430308	458800
径流量	2002 年前/亿 m³	422.9	560.4	1282.0	1454.0
	2003—2022 年/亿 m³	438.1	582.9	1230.0	1378.0
	2023 年/亿 m³	461.2	571.5	1064.0	1208.0
	变化率 1/%	9	2	−17	−17
	变化率 2/%	5	−2	−13	−12
输沙量	2002 年前/万 t	2420	5220	18100	25500
	2003—2022 年/万 t	3090	2370	8460	7150
	2023 年/万 t	1700	184	191	65
	变化率 1/%	−30	−96	−99	−100
	变化率 2/%	−45	−92	−98	−99

注：1. 2002 年前水沙统计年份：石鼓站为 1952—2002 年,攀枝花站为 1966—2002 年,白鹤滩站为 1952—2002 年,向家坝站为 1956—2002 年；

2. 2015 年以前白鹤滩站资料采用华弹站资料,2012 年以前向家坝站资料采用屏山站资料；

3. 变化率 1、变化率 2 分别为 2023 年与 2002 年前、2003—2022 年的相对变化,下同。

表 1.1-8　　　　　三峡上游主要水文站径流量和输沙量与多年均值比较

项目		横江	岷江	沱江	长江	嘉陵江	长江	乌江	三峡水库入库
		横江	高场	富顺	朱沱	北碚	寸滩	武隆	朱沱+北碚+武隆
集水面积/km²		14781	135378	19613	694725	156736	866559	83035	934496
径流量	2002年前/亿 m³	86.4	862.2	121.0	2689.0	658.2	3476.0	501.5	3849.0
	2003—2022年/亿 m³	76.5	817.0	117.6	2589.0	673.1	3353.0	451.8	3714.0
	2023年/亿 m³	61.17	670.30	90.20	2166.00	539.50	2779.00	301.40	3007.00
	变化率1/%	−29	−22	−25	−19	−18	−20	−40	−22
	变化率2/%	−20	−18	−23	−16	−20	−17	−33	−19
输沙量	2002年前/万 t	1380	4820	947	30900	11600	43000	2750	45300
	2003—2022年/万 t	544	2510	573	10500	3130	13100	423	14100
	2023年/万 t	141	545	81.4	1220	951	2210	123	2290
	变化率1/%	−90	−89	−91	−96	−92	−95	−96	−95
	变化率2/%	−74	−78	−86	−88	−70	−83	−71	−84

注:1.2002年前统计年份:横江站为1957—2002年,高场站为1956—2002年,富顺站为1957—2002年,朱沱站为1954—2002年,北碚站为1956—2002年,寸滩站为1950—2002年,武隆站为1956—2002年;

2.2001年以前富顺站资料采用李家湾站资料。

2023年,三峡水库入库径流量为3007亿 m³,较2002年以前和2003—2022年均值分别偏少22%、19%;入库悬移质输沙量为2290万 t,较2002年以前和2003—2022年均值分别偏少95%、84%。

2)长江中下游

2023年,长江中下游径流量、输沙量显著减少。2023年宜昌、汉口、大通站径流量分别为3505亿 m³、5189亿 m³、6720亿 m³,较2003—2022年均值分别偏少16%、25%和23%;输沙量分别为195万 t、3400万 t、4450万 t,较2003—2022年均值分别偏少94%、63%、66%(表1.1-9),坝下游干流除监利站外其余各站输沙量均为历史最小值,监利站排历史第二最小值(最小值出现在2022年)。

表 1.1-9　　　　　　　　长江中下游主要水文站径流量和输沙量与多年均值比较

项目		宜昌	枝城	沙市	监利	螺山	汉口	大通
径流量	2002 年前/亿 m³	4369	4450	3942	3576	6460	7111	9052
	2003—2022 年/亿 m³	4186	4279	3905	3781	6224	6928	8771
	2023 年/亿 m³	3505	3558	3330	3309	4685	5189	6720
	变化率 1/%	—20	—20	—16	—7	—27	—27	—26
	变化率 2/%	—16	—17	—15	—12	—25	—25	—23
输沙量	2002 年前/万 t	49200	50000	43400	35800	40900	39800	42700
	2003—2022 年/万 t	3210	3880	4810	6470	8100	9200	12900
	2023 年/万 t	195	266	523	2260	2650	3400	4450
	变化率 1/%	—100	—99	—99	—94	—94	—91	—90
	变化率 2/%	—94	—93	—89	—65	—67	—63	—66

注:2002 年前统计年份:宜昌站为 1950—2002 年,枝城站为 1955—2002 年,沙市站为 1955—2002 年,监利站为 1951—2002 年,螺山站为 1954—2002 年,汉口站为 1954—2002 年,大通站为 1950—2002 年。

(2)江湖关系变化

1)洞庭湖

洞庭湖水沙主要来自荆江"三口"分流和湘江、资水、沅江、澧水等"四水",经湖区调蓄后由城陵矶注入长江。

2023 年,长江流域遭遇特殊枯水年,长江干流枝城站年径流量 3558 亿 m³,较 2013—2022 年均值偏少 20%;荆江"三口"分流量 222.6 亿 m³,较 2013—2022 年均值偏少 54%;分流比为 6%,较 2013—2022 年均值偏小 5%(表 1.1-10)。枝城站输沙量 266 万 t,较 2013—2022 年均值偏少 86%;荆江"三口"分沙量 71.4 万 t,较 2013—2022 年均值偏少 86%;分沙比为 27%,较 2013—2022 年均值偏大 1%(表 1.1-11)。

表 1.1-10　　　　　　　各站分时段多年平均径流量与三口分流比对比

时段	枝城/亿 m³	新江口/亿 m³	沙道观/亿 m³	弥陀寺/亿 m³	康家岗/亿 m³	管家铺/亿 m³	"三口"合计/亿 m³	"三口"分流比/%
1956—1966 年	4515	322.6	162.50	209.700	48.8000	588.00	1331.6	29
1967—1972 年	4302	321.5	123.90	185.800	21.4000	368.80	1021.4	24
1973—1980 年	4441	322.7	104.80	159.900	11.3000	235.60	834.3	19
1981—1998 年	4438	294.9	81.70	133.400	10.3000	178.30	698.6	16

续表

时段	枝城/亿 m³	新江口/亿 m³	沙道观/亿 m³	弥陀寺/亿 m³	康家岗/亿 m³	管家铺/亿 m³	"三口"合计/亿 m³	"三口"分流比/%
1999—2002 年	4454	277.7	67.20	125.600	8.7000	146.10	625.3	14
2003—2012 年	4093	238.4	54.01	92.080	4.5260	104.20	493.2	12
2013—2022 年	4465	254.6	58.40	61.160	2.5890	106.00	482.7	11
2023 年	3558	155.2	32.75	8.491	0.0004	26.11	222.6	6

表 1.1-11　　　　　　　各站分时段多年平均输沙量与三口分沙比对比

时段	枝城/万 t	新江口/万 t	沙道观/万 t	弥陀寺/万 t	康家岗/万 t	管家铺/万 t	"三口"合计/万 t	"三口"分沙比/%
1956—1966 年	55300	3450.0	1900.00	2400.00	1070.00	10800.00	19590.0	35
1967—1972 年	50400	3330.0	1510.00	2130.00	460.00	6760.00	14190.0	28
1973—1980 年	51300	3420.0	1290.00	1940.00	220.00	4220.00	11090.0	22
1981—1998 年	49100	3370.0	1050.00	1640.00	180.00	3060.00	9300.0	19
1999—2002 年	34600	2280.0	570.00	1020.00	110.00	1690.00	5670.0	16
2003—2012 年	5840	453.0	138.00	159.00	16.40	360.00	1130.0	19
2013—2022 年	1920	235.0	63.70	52.40	3.23	141.00	495.0	26
2023 年	266	55.1	8.89	1.78	0.00	5.66	71.4	27

2023 年,洞庭湖入湖、出湖水量分别为 1200 亿 m³ 和 1407 亿 m³,分别较 2003—2022 年均值偏少 44% 和 43%;入、出湖沙量分别为 141 万 t 和 849 万 t,分别较 2003—2022 年均值偏少 91% 和 51%(表 1.1-12)。

表 1.1-12　　　　　　不同时段洞庭湖入湖、出湖年均水沙量统计

项目		荆江"三口"	湘江湘潭站	资水桃江站	沅江桃源站	澧水石门站	"四水"合计	入湖合计	城陵矶(出湖)
径流量	2002 年前/亿 m³	905.8	657.9	228.4	640.0	147.1	1673.4	2579.0	2868.0
	2003—2022 年/亿 m³	488.0	649.3	217.7	649.5	142.2	1658.7	2147.0	2482.0
	2023 年/亿 m³	222.60	424.00	93.81	365.30	93.81	976.92	1200.00	1407.00
	变化率 1/%	−75	−36	−59	−43	−36	−42	−53	−51
	变化率 2/%	−54	−35	−57	−44	−34	−41	−44	−43

项目		荆江"三口"	湘江 湘潭站	资水 桃江站	沅江 桃源站	澧水 石门站	"四水"合计	入湖合计	城陵矶（出湖）
输沙量	2002年前/万t	11400	976	191	1080	572	2819	14200	3950
	2003—2022年/万t	811.0	457.0	53.2	127.0	153.0	790.2	1600.0	1720.0
	2023年/万t	71.400	44.700	3.690	0.373	20.600	69.363	141.000	849.000
	变化率1/%	−99	−95	−98	−100	−96	−98	−99	−79
	变化率2/%	−91	−90	−93	−100	−87	−91	−91	−51

注:1. 入湖水沙未包括未控区间来量;

2. 荆江"三口"数据为新江口站、沙道观站、弥陀市站、藕池（康）站、藕池（管）站5站之和;

3. 2002年前统计年份:新江口站为1955—2002年,沙道观站为1955—2002年,弥陀市站为1953—2002年、藕池（康）站为1950—2002年、藕池（管）站为1950—2002年,湘潭站为1950—2002年,桃江站为1951—2002年,桃源站为1951—2002年,石门站为1950—2002年,城陵矶站为1951—2002年。

2）鄱阳湖

鄱阳湖承纳赣江、抚河、信江、饶河、修水等"五河"的来水,经调蓄后由湖口注入长江。

2023年,鄱阳湖"五河"入湖和湖口出湖径流量分别为964.3亿 m^3 和1222亿 m^3,较2003—2022年均值分别偏少20%和18%;入、出湖沙量分别为340万t和790万t,较2003—2022年均值分别偏少46%和20%(表1.1-13)。

表1.1-13　　　　　　　　　鄱阳湖入、出湖水沙量时段变化统计

项目		赣江 外洲站	抚河 李家渡站	信江 梅港站	饶河		修水		入湖合计	湖口（出湖）
					虎山站	渡峰坑站	万家埠站	虬津站		
径流量	2002年前/亿 m^3	685.00	127.30	179.00	71.28	46.27	35.29	84.33	1228.00	1476.00
	2003—2022年/亿 m^3	670.40	117.30	181.10	71.05	46.99	35.67	81.52	1204.00	1498.00
	2023年/亿 m^3	580.90	119.70	148.50	54.49	35.04	25.65	0.00	964.30	1222.00
	变化率1/%	−15	−6	−17	−24	−24	−27	/	−21	−17
	变化率2/%	−13	2	−18	−23	−25	−28	/	−20	−18

续表

项目		赣江	抚河	信江	饶河		修水		入湖合计	湖口（出湖）
		外洲站	李家渡站	梅港站	虎山站	渡峰坑站	万家埠站	虬津站		
输沙量	2002年前/万t	955.0	150.0	221.0	59.5	46.2	38.4	/	1470.0	938.0
	2003—2022年/万t	243.0	98.6	106.0	114.0	46.2	25.1	/	633.0	984.0
	2023年/万t	122.0	101.0	49.0	35.3	22.1	10.1	/	340.0	790.0
	变化率1/%	−87	−33	−78	−41	−52	−74	/	−77	−16
	变化率2/%	−50	2	−54	−69	−52	−60	/	−46	−20

注：1. 入湖水沙未包括未控区间来量；

2. 2002年前统计年份：外洲站为1950—2002年，李家渡站为1953—2002年，梅港站为1953—2002年，虎山站为1953—2002年，渡峰坑站为1953—2002年，万家埠站为1953—2002年，虬津站为1956—2002年，湖口站为1950—2002年。

（3）上游水库河道冲淤

1）金沙江下游梯级水库

2023年，金沙江下游乌东德、白鹤滩、溪洛渡、向家坝4个梯级水库共淤积泥沙2295万m³，其中，乌东德水库淤积2738万m³（变动回水区淤积113万m³、常年回水区淤积2625万m³）；白鹤滩水库冲刷87万m³（变动回水区冲刷37万m³、常年回水区冲刷50万m³）；溪洛渡水库冲刷290万m³（变动回水区冲刷25万m³、常年回水区冲刷265万m³）；向家坝水库冲刷66万m³（变动回水区冲刷56万m³、常年回水区冲刷10万m³）。

天然状态下，金沙江下游河道呈微冲微淤状态。向家坝水库蓄水运用以来（各水库起算时间以蓄水为准），4个梯级水库累计淤积泥沙7.0851亿m³，其中，乌东德、白鹤滩、溪洛渡和向家坝水库分别淤积为5190万m³、7565万m³、55287万m³和2809万m³。

2）向家坝坝下至江津河段

2023年，向家坝坝下至江津河段淤积泥沙1243万m³，其中，向家坝坝下至宜宾段、宜宾至江津段分别淤积94万m³和1149万m³。

向家坝水库蓄水运用以来，2012—2023年向家坝坝下至江津河段累计冲刷

1.468 亿 m^3，其中，向家坝坝下至宜宾段冲刷 1167 万 m^3，宜宾至江津段冲刷 13513 万 m^3。

3）三峡水库

2023 年，三峡库区干流段（江津至大坝）河床淤积 3360 万 m^3，其中，变动回水区（江津至涪陵）淤积 21 万 m^3，常年回水区（涪陵至大坝）淤积 3339 万 m^3。三峡水库蓄水运用以来，库区干流段累计淤积泥沙 18.014 亿 m^3，其中，变动回水区累计冲刷 0.700 亿 m^3，常年回水区累计淤积 18.714 亿 m^3。

（4）中下游河道冲淤

1）宜昌至湖口河段

由于 2021 年 10 月及 2022 年缺测，本次宜昌至湖口河段冲淤统计时段为 2021 年 4 月至 2023 年 10 月，平滩河槽冲刷 1.456 亿 m^3，其中，宜昌至枝城河段淤积 32 万 m^3，荆江河段冲刷 6132 万 m^3，城陵矶至汉口河段冲刷 991 万 m^3，汉口至湖口河段冲刷 7470 万 m^3（表 1.1-14）。

表 1.1-14　　　　　　不同时段宜昌至湖口河段平滩河槽冲淤量对比

项目	时段	河段				
		宜昌—枝城	荆江	城陵矶—汉口	汉口—湖口	宜昌—湖口
		河段长度/km				
		60.8	347.2	251.0	295.4	954.4
总冲淤量 /万 m^3	1975—2002	−14400	−29804	10726	16607	−16871
	2002.10—2006.10	−8138	−32830	−5990	−14679	−61637
	2006.10—2008.10	−2230	−3569	197	4693	−909
	2008.10—2023.10	−6270	−96376	−45397	−66459	−214502
	2021.4—2023.10	32	−6132	−991	−7470	−14561
	2002.10—2023.10	−16638	−132775	−51190	−76445	−277048
年均冲淤强度 /（万 m^3/km）	1975—2002	−8.8	−3.2	1.6	2.1	−0.7
	2002.10—2006.10	−33.5	−23.6	−4.8	−9.9	−15.1
	2006.10—2008.10	−18.3	−5.1	0.4	7.9	−0.5
	2008.10—2023.10	−6.9	−18.5	−12.1	−15.0	−15.0
	2021.4—2023.10	0.3	−8.8	−2.0	−12.6	−7.6
	2002.10—2023.10	−13.0	−18.2	−9.7	−12.3	−13.8

注：1. 城陵矶至湖口河段 2002 年 10 月地形（断面）采用 2001 年 10 月资料；

2. 宜昌至枝城河段 2021 年 4 月地形（断面）采用 2021 年 10 月资料。

三峡水库蓄水运用前（1975—2002 年），宜昌至湖口河段平滩河槽总体冲刷 1.69 亿 m³，年均冲刷量仅 0.065 亿 m³，河段总体冲淤平衡。三峡水库蓄水运用后，2002 年 10 月至 2023 年 10 月，宜昌至湖口河段平滩河槽总冲刷量为 27.705 亿 m³，年均冲刷强度为 13.8 万 m³/km。断面表现为滩槽均冲，冲刷主要集中在枯水河槽，其冲刷量占平滩河槽冲刷量的 92%。

2）湖口至徐六泾河段

2022 年 11 月至 2023 年 11 月，湖口至江阴河段平滩河槽淤积 0.361 亿 m³，其中，湖口至大通河段淤积 0.196 亿 m³，大通至江阴河段淤积 0.166 亿 m³（表 1.1-15）。

表 1.1-15　　　　　　　不同时段湖口至江阴河段平滩河槽冲淤量对比

项目	时段	湖口—大通	大通—江阴	湖口—江阴
		河段长度/km		
		228.0	431.4	659.4
总冲淤量 /万 m³	1975—2001	17882	−5154	12728
	2001.10—2006.10	−7986	−15087	−23073
	2006.10—2011.10	−7611	−38150	−45761
	2011.10—2016.10	−21569	−27109	−48678
	2016.10—2023.11	−14319	−30559	−44878
	2022.11—2023.11	1956	1655	3611
	2001.10—2023.11	−51485	−110905	−162390
年均冲淤强度 /（万 m³/km）	1975—2001	3.0	−0.5	0.7
	2001.10—2006.10	−7.0	−7.0	−7.0
	2006.10—2011.10	−6.7	−17.7	−13.9
	2011.10—2016.10	−18.9	−12.6	−14.8
	2016.10—2023.11	−9.0	−10.1	−9.7
	2022.11—2023.11	8.6	3.8	5.5
	2001.10—2023.11	−10.3	−11.7	−11.2

三峡水库蓄水运用之前，湖口至江阴河段冲淤变化较小，1975—2001 年年均淤积泥沙 0.049 亿 m³。三峡水库蓄水运用以来，2001 年 10 月至 2023 年 11 月，平滩河槽冲刷泥沙 16.2 亿 m³，年均冲刷量为 0.738 亿 m³。冲刷主要集中在枯水河槽，占平滩河槽冲刷量的 84%。

2022 年 11 月至 2023 年 11 月，江阴至徐六泾河段冲刷 0.097 亿 m³，冲刷强度较三峡水库蓄水运用以来多年平均值明显偏小。

三峡水库蓄水运用之前,江阴至徐六泾河段基本冲淤平衡,1977—2001 年年均淤积泥沙 0.001 亿 m³。三峡水库蓄水运用以来,2001 年 10 月至 2023 年 11 月累积冲刷 6.62 亿 m³,年均冲刷量为 0.301 亿 m³。

3)长江河口段

2022 年 11 月至 2023 年 11 月,长江河口南支河段淤积 0.261 亿 m³,北支河段淤积 0.282 亿 m³。与三峡水库蓄水以来多年平均值相比,2023 年南支河段表现淤积,北支河段淤积强度有所增大。

三峡水库蓄水运用之前(1984—2001 年),南支河段年均冲刷泥沙 0.117 亿 m³,北支河段年均淤积泥沙 0.243 亿 m³。三峡水库蓄水运用以来,2001 年 8 月至 2023 年 11 月,南支河段累计冲刷 3.72 亿 m³,年均冲刷量为 0.169 亿 m³;北支河段累计淤积 3.16 亿 m³,年均淤积量为 0.144 亿 m³,总体延续了三峡水库蓄水运用前长江口南支冲刷、北支淤积的趋势。

1.1.7 航运发展状况

(1)航道状况

截至 2023 年底,长江水系 14 个省(直辖市)[①]内河航道通航里程 9.71 万 km,等级航道里程 4.99 万 km,同比分别增加 243km、617km。其中,Ⅲ级及以上高等级航道达到 10892km,占内河航道通航总里程的 11.2%。内河航道主要分布在长江水系、京杭运河与淮河水系,并涉及珠江水系及西南诸河、黄河水系等覆盖区域。

经过多年的建设与发展,基本形成以长江干线为主轴,以岷江、嘉陵江、乌江、沅江、湘江、汉江、江汉运河、赣江、信江等长江支流高等级航道,以及京杭运河、江淮运河和长江三角洲高等级航道网为主脉,干支衔接、水系沟通、江海连通、区域成网的航道网络体系。内河航道通航里程及构成见图 1.1-18。

(2)港口状况

截至 2023 年底,14 个省(直辖市)港口共拥有生产用码头泊位 17257 个;散货、件杂货物年综合通过能力 76.1 亿 t,集装箱年综合通过能力 10757 万 TEU。其中,内河港口共拥有生产用码头泊位 14762 个,散货、件杂货物年综合通过能力 48.0 亿 t,

---

①长江航运所涉及的 14 个省(直辖市)具体为:上海市、江苏省、浙江省、安徽省、山东省、江西省、河南省、湖北省、湖南省、重庆市、四川省、贵州省、云南省、陕西省。

集装箱年综合通过能力3747万TEU;沿海港口共拥有生产用码头泊位2495个,散装、件杂货物年综合通过能力28.1亿t,集装箱年综合通过能力7010万TEU (图1.1-19)。长江干线港区拥有生产用码头泊位2715个,散货、件杂货物年综合通过能力23.8亿t,集装箱年综合通过能力2718万TEU,万吨级及以上泊位469个(江苏451个、安徽17个、江西1个)。

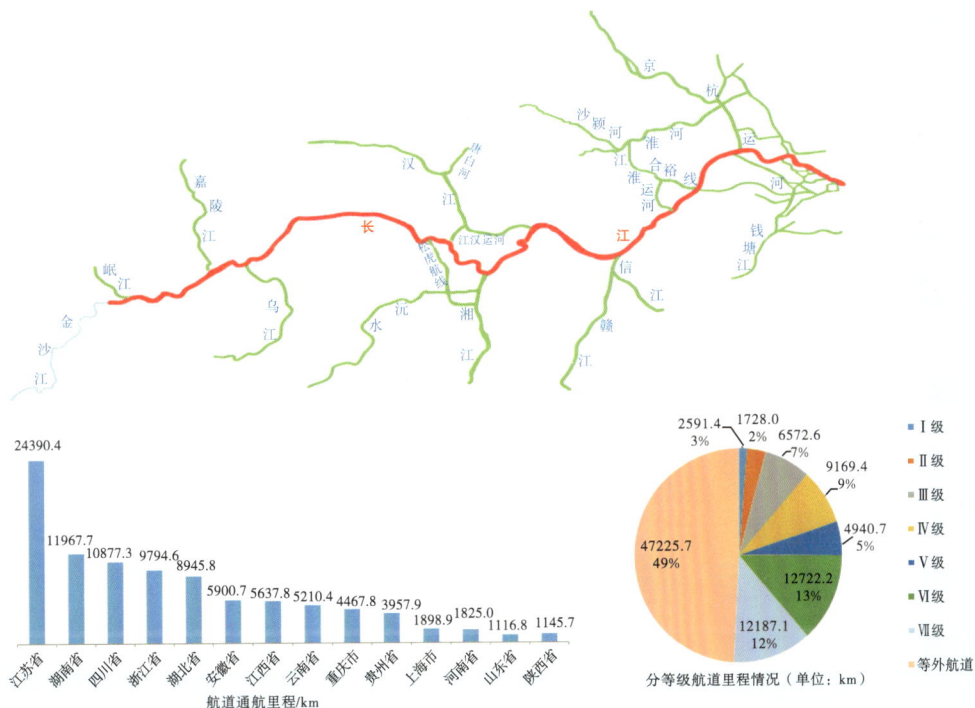

图 1.1-18 2023年长江水系14省(直辖市)内河航道通航里程及构成

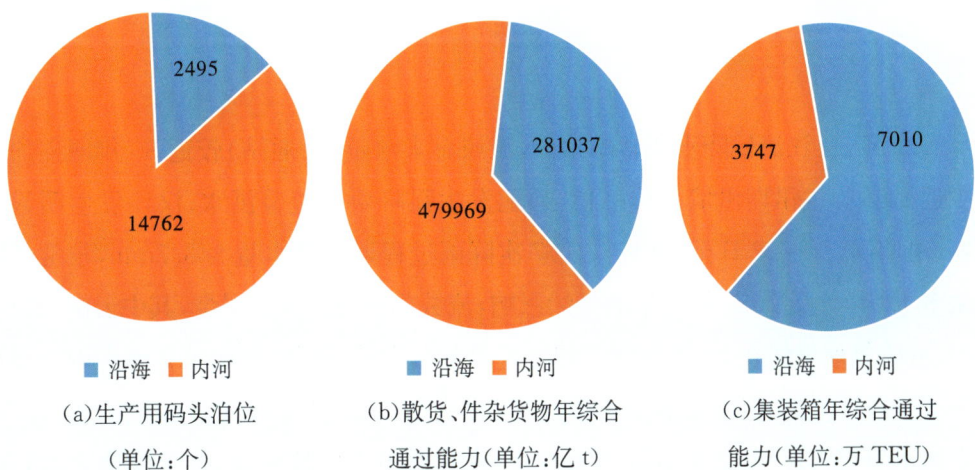

(a)生产用码头泊位 (单位:个)

(b)散货、件杂货物年综合通过能力(单位:亿t)

(c)集装箱年综合通过能力(单位:万TEU)

图 1.1-19 2023年码头泊位及货物通过能力分布

（3）船舶状况

截至 2023 年底，14 个省（直辖市）拥有运输船舶 9.66 万艘、净载重量 21660.05 万 t、载客量 49.77 万客位、集装箱箱位 226.63 万 TEU，与 2022 年相比分别降低 4.28%、增加 2.52%、降低 9.65%、增加 2.72%。其中，机动船 9.04 万艘、驳船 0.61 万艘，分别降低 3.42%、15.40%。运输船舶平均净载重吨 2242t，与 2022 年相比增长 7.10%。按航行区域分，内河运输船舶 8.93 万艘、载客量 40.07 万客位、净载重量 12742.27 万 t，沿海运输船舶 6592 艘、载客量 9.03 万客位、净载重量 5859.14 万 t、箱位 30.08 万 TEU，远洋运输船舶 639 艘、载客量 0.67 万客位、净载重量 3058.64 万 t、箱位 164.17 万 TEU（表 1.1-16）。按船舶类型分，客运船舶（包括客船、客货船，不含客运驳船）艘数 9021 艘、载客量 50 万客位，其中内河客船 8390 艘、载客量 40.1 万客位；货运船舶（包括货船、驳船）艘数 8.60 万艘、净载重量 21645.27 万 t，其中内河货船 7.96 万艘、净载重量 12741.22 万 t；集装箱运输船舶（不包含多用途船、驳船）1103 艘、箱位 197.17 万 TEU，其中内河集装箱运输船舶 603 艘、箱位 6.97 万 TEU。

表 1.1-16　　　　　　　　　　船舶航行区域分布

航行区域	运输船舶/艘	载客量/万客位	净载重量/万 t
内河	89349	40.07	12742.27
沿海	6592	9.03	5859.14
海洋	639	0.67	3058.64
合计	96580	49.77	21660.05

1.2　水旱灾害防御

2023 年，长江流域降水正常略偏少，流域总来水量（大通站）较近 30 年同期均值偏少近 30%。主汛期汛情总体平稳，局地发生强降雨和超警洪水；汉江发生明显秋汛，秋雨期间（8 月 22 日至 10 月 6 日）7 次降雨过程累计降水量 348.7mm，较常年同期偏多 120%。受 2022 年大旱的延续影响，流域部分地区发生旱情，其中云南、贵州、四川、重庆等地旱情在 2022 年的基础上遭遇冬春连旱，湖北、湖南等其他省份局地也发生了阶段性旱情，但旱情总体不重，旱灾损失与 2022 年相比总体较轻。面对严峻复杂的水旱灾害形势，扎实做好汛前准备，密切监视水雨情变化，持续健全完善防御体系，为做好水旱灾害防御工作提供了有力支撑。

通过科学调度流域水工程,流域水旱灾害得到有效缓解。2023年长江流域水工程联合调度运用计划中,纳入联合调度的水工程数量为125座(处),较2022年新增14座(处),包括嘉陵江江口、武都2座水库,滁河流域、水阳江流域9座水闸工程,引江济淮、引汉济渭工程2座引调水工程和1座排涝泵站。2023年6月10日,长江流域纳入联合调度的控制性水库共腾出正常蓄水位以下约870亿m³库容用于调蓄洪水,总体完成年度消落任务。9月下旬至10月上旬积极做好汉江秋汛防御工作,两次编号洪水期间共拦洪17.5亿m³。调度丹江口水库10月12日蓄至正常蓄水位170m,丹江口大坝加高后继2021年以来第2次蓄满,调度三峡水库10月20日蓄至正常蓄水位175m,第13年完成蓄满目标。调度雅砻江梯级、金沙江下游梯级和瀑布沟、亭子口等控制性水库群有序消落,2022年11月至2023年4月上游水库群累计向中下游补水345亿m³。

1.3 水资源综合利用与保护

2023年,联盟成员单位积极践行习近平总书记"节水优先、空间均衡、系统治理、两手发力"治水思路,持续强化长江流域水资源节约集约利用,紧抓国家水网重大工程建设的历史机遇,着力优化流域水资源配置,科学有序推进水能资源开发,统筹考虑地表水与地下水资源系统保护,流域水资源综合利用与保护工作取得良好成效。

(1)流域水资源节约集约利用水平进一步提升

滁河流域、长江干流宜宾至宜昌河段、长江干流宜昌至河口河段等3条跨省河流水量分配方案获得批复。至此,长江流域23条跨省江河流域水量分配方案已全部获得批复,长江流域1874.76亿m³的地表水分配水量和225个控制断面下泄流量(水量、水位)指标正式确定,标志着长江流域跨省江河流域初始水权分配工作全面完成。嘉陵江等6条河流年度水量调度计划和赤水河等3条河流年度水量分配方案印发实施。完成长江流域及西南诸河20个省(自治区、直辖市)年度用水总量核算成果复核。印发《2023年度长江流域重要控制断面水资源监测通报》,逐月发布长江流域重要控制断面水资源监测信息。积极推进水资源管理与调配业务系统建设,2023年长江流域807个已建重点大型灌区渠首、33个重要引调水工程在线监测率达100%,11016个规模以上非农取水口在线监测率达95%以上,监测年取水量超1500亿m³。

（2）水资源综合利用工程建设进一步推进

《引江补汉工程初步设计报告》获水利部批复，引江济淮一期工程全线通航，引汉济渭工程成功实现先期通水，渝西水资源配置等在建重大引调水工程建设进展顺利，白龙江引水工程、引大济岷工程获得环评批复；平江灌区工程、浮桥河灌区新（扩）建工程开工建设；《向阳水库工程初步设计报告》获水利部批复，凤凰山水库、藻渡水库、姚家平水库顺利开工。2022—2023 年南水北调中线一期工程累计调水 74.11 亿 m³，通水以来累计向北方供水 610 亿 m³。水能资源开发工程有序推进，2023 年在建大中型水电站 20 余座，总装机容量约 1942 万 kW，碾盘山水利水电枢纽工程两台机组并网发电，黄金峡水利枢纽工程首台机组正式启动试运行，金沙江上游旭龙水电站工程成功实现大江截流。

（3）水资源保护力度进一步走深走实

开展金沙江、雅砻江等 6 条跨省河湖 36 项工程生态流量核定与保障先行先试工作，科学核定生态流量目标，制定针对性保障措施；加强长江流域跨省重点河湖生态流量日常监管；有力推动流域生态流量标准体系规范建设；针对流域内 204 个重要饮用水水源地开展了饮用水水源地达标评估；进一步完善名录管理工作，复核整理长江流域重要饮用水水源地基础信息，依托信息化手段提升管理水平；进一步优化完善水源地安全保障措施体系；开展 1912 个"十四五"国家地下水环境质量考核点位监测和评价工作，组织开展西藏、四川、重庆、湖南、湖北、江西、浙江等 7 个省（自治区、直辖市）378 个地下水考核点位监测工作。

1.4 航运发展

2023 年，长江航运基础设施总体格局进一步完善，长江水系 14 个省（直辖市）全年水运建设投资增长超过 20%，长江干线、京杭运河等国家高等级航道建设和港口设施建设稳步推进，高等级航道里程达到 1.1 万 km，内河港口吞吐能力达到 48.0 亿 t，干线航道主通道作用和主要港口枢纽功能作用进一步增强，集装箱、煤炭、矿石等主要货类运输系统布局进一步完善。

长江航运高质量发展取得显著成效。铁水联运快速增长，江海运输体系进一步完善，全年长江干线港口完成集装箱铁水联运量 53.8 万 TEU，与 2022 年相比增长 31.9%；江海运输量 15.2 亿 t，与 2022 年相比增长 6.0%。现代港航服务、智慧航道、智慧港口等加快发展，"131"智慧长江建设积极推进，"长江 e+"等掌上航运加快实现,长江电子航道图继续向支流延伸拓展。船舶和港口污染防治常态化运行,清洁能源推广应用持续深入,长江经济带船舶岸电使用量同比增长64%。安全应急保障水平持续提升,安全生产形势总体稳定。坚持协同融合,长航系统"一盘棋"合力更好发挥,行业地方联动、干线支流联动、上中下游联运的良好局面加快形成,高质量发展合力进一步凝聚。

长江航运在服务国家重大战略和保障发展安全中发挥了重要的支撑保障作用。全年完成水路客运量1.68亿人、货运量67.2亿t、港口货物吞吐量104.6亿t,分别同比增长111.4%、9.0%、9.0%。其中,长江干线港口完成货物吞吐量38.7亿t、集装箱吞吐量2576万TEU,分别同比2022年增长8.1%、4.9%;三峡枢纽通过量1.74亿t,同比2022年增长7.6%。长江航运有力促进了长江经济带发展,保障了战略物资供应链安全。

1.5　水环境保护与综合治理

2023年,联盟成员单位以改善水环境质量为核心,有序压茬推进落实水污染防治、水环境治理与修复、水土保持等相关工作,全面保障流域水环境质量持续向好改善。

强化水污染防治和监管力度,抓实突出问题整改进度。按月持续调度并指导汉江上游及丹江口库区入河排污口排查工作,并针对性开展整治暗查暗访;对安徽、江苏、湖南共计26个入河排污口开展整治核查调研;推进湖北、湖南、安徽、四川、贵州、云南、江西7个省黑臭治理成效调查工作,重点排查治理措施实施和长效管理机制落实情况;赴多地就长江经济带船舶和港口污染防治情况进行调研;对5个省(直辖市)13座园区污水处理厂、20家相关企业开展疑似点位抽测;开展丹江口库区总氮、总磷问题分析研究工作。

全面贯彻落实中共中央办公厅、国务院办公厅《关于加强新时代水土保持工作的意见》及2023年全国水土保持工作会议精神,依法开展水土流失监管,持续推进水土流失综合治理。2023年长江流域水土流失面积相较2022年减少0.56万km²,减幅1.72%,流域水土保持率提高到82.03%;三峡库区与丹江口库区及其上游流域等重点治理区域水土流失状况明显改善。创新监管方式和方法,全面强化长江流域(片)部批生产建设项目水土保持全链条全过程监管,研提20个项目水土保持方案意见,抽查24个项目水土保持方案质量,123个项目完成自查,对51个项目开展现场检查和遥感监管。以山青、水净、村美、民富为目标,实施山水林田湖草沙系统治理,推进生态清洁小流域建设,全面开展小流域划分与空间管控工作,编制相关技术指南和方案;推进水土保持监测与信息化,完成生产建设项目现场检查 App 研发并投入应用;科学编制长江流域水土保持规划,持续加强制度建设,探索建立跨流域水土流失联防联控工作机制,全面夯实水土保持监管基础。

1.6　水生态保护与修复

2023 年 4 月 23 日,生态环境部联合国家发展和改革委员会(以下简称"国家发改委")、财政部、水利部、林草局等部门印发了《重点流域水生态环境保护规划》,为推进长江水生态环境质量持续改善提供明确方向,明确持续推进长江流域共抓大保护,加强水生生物调查与珍稀物种保护,保护长江水生生物多样性,实施中华鲟、长江鲟、长江江豚等珍稀濒危水生生物抢救性保护行动,抓好十年禁渔机遇,结合长江流域生态保护红线划定,在水生生物重要栖息地和关键生境建立自然保护地,加强珍稀濒危及特有鱼类资源产卵场、索饵场、越冬场和洄游通道等重要生境的保护。

《长江流域水生生物资源及生境状况公报(2023 年)》正式发布,详细公布长江流域水生生物资源、重点保护物种、水生生物完整性指数等级、禁渔效果、栖息生境状况。

不断完善水生态监测站网建设,持续加强长江干流、典型支流和重要水库等重点水域水生态及水生生物资源监测,积极开展水生态监测技术培训,完成了长江流域水生态监测报告等的发布或报送,流域水生态监测水平稳步提升。

不断加强重要生态功能区、江河湖库生境保护力度。持续推进问题整治,巩固"守好一库碧水"专项整治成果。持续强化丹江口库区及其上游流域水资源管理保护,推动水源区生态环境质量持续改善,定期开展库区联合巡查,确保南水北调中线供水安全。全面启动河湖健康评价、河湖健康档案建立工作,持续开展小水电治理行动;积极开展长江中下游河湖水系连通、水域及河湖(库)岸带生态修复、生物栖息地保护及通道恢复等研究。

开展长江流域水生态考核试点工作,推动建立长江流域水生态考核机制。持续推进长江流域重点水域禁捕,禁捕水域管理秩序平稳,水生生物资源恢复向好,生物完整性指数较禁渔前有所提升,长江十年禁渔工作取得明显成效。持续开展三峡水库、金沙江下游、汉江等梯级开发影响区域生态调度试验,2023 年共开展生态调度试验 13 次,其中叠梁门分层取水试验 3 次、针对产黏沉性卵鱼类生态调度试验 5 次、针对产漂流性卵鱼类生态调度试验 4 次、针对抑制沉水植物过度生长生态调度试验 1 次,保障和促进鱼类自然繁殖,生态效益显著。

1.7　长江流域综合管理

长江流域综合管理水平稳步提升，《中华人民共和国长江保护法》相关配套法规体系建设逐步完善，配合水利部制定出台《长江流域控制性水工程联合调度管理办法（试行）》于2023年3月1日起正式施行；组织开展丹江口库区及其上游流域保护立法研究工作；协同推进《中华人民共和国长江保护法》、海商法、港口法、交通运输法、国际海运条例、内河交通安全管理条例、自然保护区条例等重点法律法规和港口危险货物安全管理规定等部门规章制度修订；组织召开2023年长江流域省级河湖长联席会，部署推进解决流域河湖管理保护重难点问题。

水利监督检查力度持续加强，共开展水行政管理各类监督事项25项，在行政许可监管和执法方面纵深推进"放管服"改革。公安部、交通运输部、水利部等部门联合印发《长江河道非法采砂专项打击整治行动方案》，强化部门协同与执法协作，进一步加强采砂管理，长江委、长航公安局、长航局联合开展采砂执法巡查。

流域生态环境监督执法有序开展，完成重点流域规划目标和任务分解，开展规划实施情况调研督导；对经长江局审批的入河排污口开展现场执法调查，并督促地方落实监管和执法主体责任；建立入河排污口动态管理台账，开展排污口整治效果试评估；组织开展美丽河湖问题核查现场调研；开展黑臭水体、污染源暗访核查，实施环评及排污许可监督，督促指导新污染物治理与环境风险防控，探索"测管协同"监管模式，推动地方严格落实管控措施。

大力推动水文化遗产保护，编制《流域水文化遗产保护与利用规划》；深入发掘丹江口水利枢纽等已建水利工程和其他在建水利工程的文化内涵、文化价值；重点推进汉口、宜昌、沙市、城陵矶等国家重要水文站的文化提升工作，汉口水文站获选第五批国家水情教育基地；先后参与水利部《"十四五"水文化建设规划》《国家水利遗产编制导则》《长江渔文化发展规划》等编制工作。

1.8　智慧长江建设

（1）在智慧水利方面

数字孪生流域、数字孪生工程建设取得积极成效。数字孪生三峡、南水北调中线1.0、丹江口、峡江水利枢纽工程等项目，成功入选《数字孪生水利建设十大样板名单（2023）》；数字孪生三峡防洪预报调度互馈技术、物理机制与多维监测信息融合驱动的数字孪生丹江口大坝安全模型及"四预"（预报、预警、预演、预案）业务、乐安河流域基于数字孪生的雨水情监测预报"三道防线"(气象卫星和测雨雷达系统、雨量站网、水文站网)构建等关键技术,入选《数字孪生水利建设典型案例名录(2023)》;长江流域控制性水利工程综合调度系统完工验收;全国首个数字孪生长江流域全覆盖水监控系统开工建设。

(2)在智慧气象方面

建成基于气象大数据云平台的"新一代长江流域气象业务一体化工作平台",构建了具备气象水文信息联动分析、预报服务智能提示、流域降水格点订正、数据产品快速集成、制作发布便捷高效、预报检验评估实时反馈等能力的综合性平台,为开展长江流域气象预报服务提供了稳定可靠的平台系统支撑;建立 1981—2020 年长江流域致洪降水过程天气学指标库,采用关键天气系统客观识别结果实现天气关键区的划分,通过长江流域致洪强降水过程天气相似识别技术实现最优相似个例筛选的目标。

(3)在智慧航运方面

上线试运行"信用长江"系统,初步建立"1+N+5"的基础制度体系;上线试运行智能管理平台,集成"智能管理驾驶舱",初步实现智能化监管服务。基本建成长江干线 L1 级、三峡和武汉 L3 级数字孪生系统,《内河水运数字孪生总体要求》通过国家数字孪生标准工作组立项审核。搭建综合保障平台,初步建成长江航运数据中台,研发资源图谱示范应用,融合建立统一的"三船"(船舶、船员、船公司)基础数据库,初步完成新一代北斗智能船载产品原型研发,"长江新链"试点建成武汉段"陆水空天"无线网络,基本实现局系统协同办公。"长江 e+"公共服务平台建立"三位一体"服务模式,融合电子航道图、"船 E 行"等系统,汇聚 7 大类 77 项功能,提供集中统一高效的服务。

1.9　科技创新

联盟成员单位深入贯彻落实习近平总书记关于治水和科技创新重要论述精神,聚焦推动长江治理管理高质量发展,立足流域水情社情,梳理凝练重大科技问题研究需求,调动优势资源力量集智攻关,协同提升科技创新能力建设,聚力锻造推动新阶段长江治理与保护高质量发展的先进引领力和强劲驱动力。

(1)强化科技成果凝练,联合开展科技奖励策划申报

其中,由长江设计集团牵头,共 9 家联盟成员单位联合申报的项目"长江上游梯

级水库群多目标联合调度技术"获 2022 年中国水利学会大禹水利科技进步奖特等奖,南京水科院、河海大学等单位联合申报的项目"我国典型河口浅滩深水航道治理关键技术研究与应用"荣获 2022 年中国航海学会科技进步奖特等奖(2023 年授奖)。

(2)深化科技项目实施,协同攻关关键水科学问题

锚定着力提升水旱灾害防御能力、水资源节约集约利用能力、水资源优化配置能力、江河湖泊生态保护治理能力目标,联盟成员单位联合承担"山洪灾害风险防控区划与全过程监测防范关键技术""长江中下游极端枯水预报预警与应急供水保障关键技术研究""南水北调中线水源区中长期水资源预测技术""长江流域典型城市内湖水环境—水生态协同治理关键技术与示范"等多项涉水国家重点研发计划项目和"长江流域水库群联合调度数字孪生构建方法研究""长江流域大型水库碳汇的界面机制及调控:通量、过程与途径"等多项长江水科学研究联合基金项目。

(3)优化科技平台布局,互惠互利科技资源优势

武汉大学与长江设计集团合作共建的水资源工程与调度全国重点实验室获批,充分发挥校企联合优势,打通理论创新、技术研发与工程应用的壁垒,协同打造水资源领域的国家战略科技支撑力量;河海大学和南京水科院共同组建水灾害防御全国重点实验室,充分发挥多学科交叉融合优势,系统围绕洪旱灾害演变与预报预警、水动力系统调控与河湖复苏,以及水工程灾变机制与防控等领域开展应用基础研究,合力攻克重大工程关键技术难题。

第 2 章　长江流域水旱灾害防御

　　2023 年,长江流域遭遇旱涝并存不利局面,联盟成员单位坚持旱涝同防同治,加强流域统筹和部门协同,着力强化"四预"措施,精细调度流域水工程,跟进落实城乡供水和农业灌溉用水保障工作,协调统筹上下游、左右岸、干支流,沉稳应对金沙江上游超历史实测记录洪水、汉江秋汛和台风"杜苏芮"影响等复杂挑战,并通过动态优化调度方案实现控制性水库群蓄水量首次超过 1000 亿 m^3,取得了 2023 年水旱灾害防御工作的全面胜利。

2.1　气候与水文特征

2.1.1　海洋和大气环流分析

　　(1)赤道中东太平洋海表温度

　　中国气象局 Nino3.4 监测综合指数逐月演变显示,自 2023 年 5 月开始的厄尔尼诺事件,持续至 2024 年 4 月仍未中断,但处于持续衰减中。2024 年 3 月 Nino3.4 指数已达 1.25℃(图 2.1-1)。

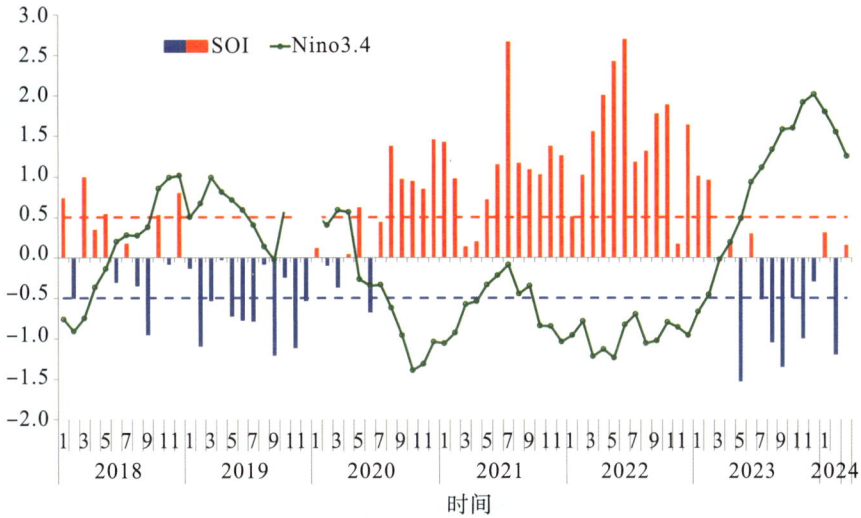

图 2.1-1　2018 年 1 月至 2024 年 3 月 Nino3.4 与南方涛动(SOI)指数

(2)西太平洋副热带高压

1961—2023 年,西太平洋副热带高压面积、强度、西伸脊点均具有明显的年代际趋势,逐渐增大、增强、西伸。2023 年面积指数 102.5,强度指数 268,均居历史第三位;西伸脊点位于 105°E,偏西程度居于第 5 位;脊线位于 21.0°N,偏北程度居历史第 10 位(图 2.1-2)。

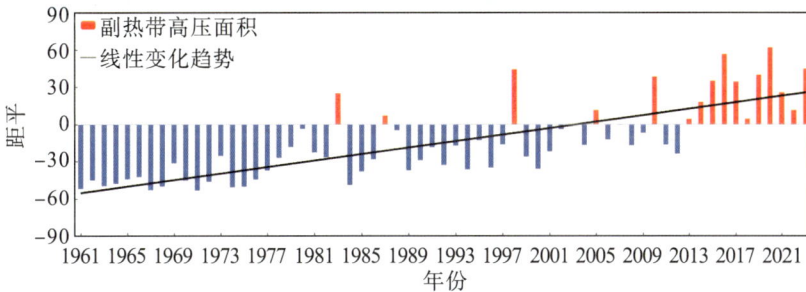

(a)

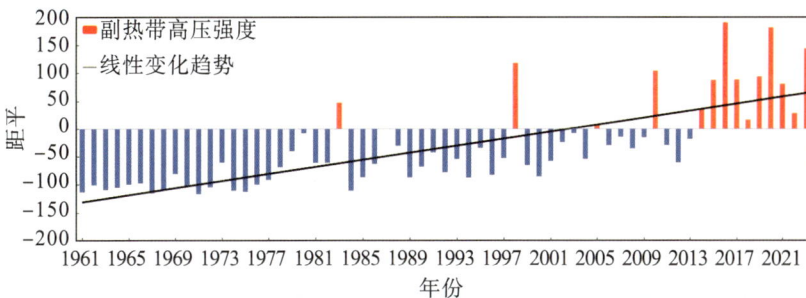

(b)

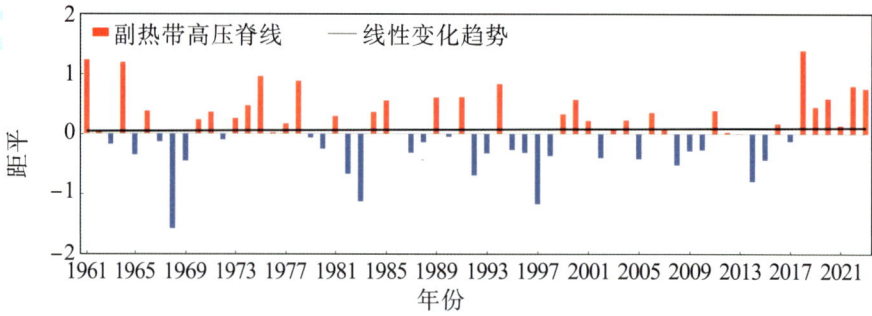

（c）

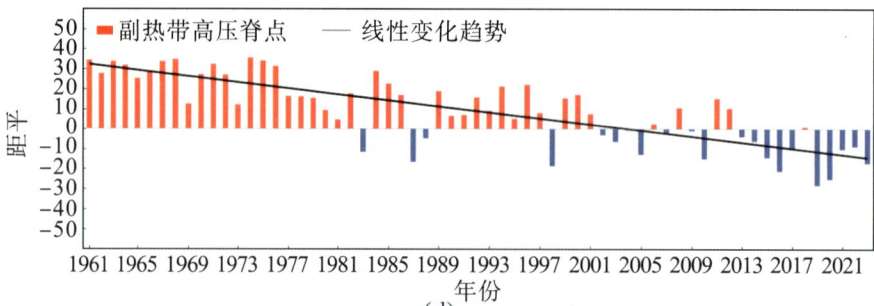

（d）

图 2.1-2　1961—2023 年年平均西太平洋副热带高压指数逐年变化

2.1.2　汉江秋汛降水异常偏多

秋汛期（9—10 月）汉江流域平均累计降水量 295mm，较常年同期显著偏多 70%，其中上、中游中南部偏多 1～2.4 倍；雨日 20～34 天，较常年同期偏多 1～9 天。9 月 17 日至 10 月 7 日上中游降水持续时间长、强度大，其中郧阳、竹山等 5 站累计降水量和竹溪、十堰等 6 站连续降水日数排历史首位。

2023 年秋汛降水异常偏多年期间，东北半球环流场上，中纬地区自西向东呈现出"高—低—高"型分布，西欧至新地岛为明显的正高度异常，巴尔喀什湖至贝加尔湖地区为负高度异常，意味着高纬地区的冷空气充足，且东移南下的通道畅通；在渤海至日本群岛为明显正高度异常，其西南侧的偏南气流会引导低纬的暖湿气流北进，同时不利于北部冷空气快速东移，加强冷干空气与暖湿气流的持续对峙，导致频繁的降水过程。与此同时，东亚地区高度距平场呈现出明显的"西低东高"型分布，西太平洋副热带高压 588 线明显的西伸，强度偏强，面积偏大，脊线总体偏北，副热带高压单体控制在长江、华南等地，其外围的引导气流进一步加强了北边反气旋的西南气流，利于暖湿气流的向北输送。

850hPa 距平风场上日本海以西至我国东北存在的异常反气旋式环流，其西南侧的偏南冷湿气流输送至汉江上中游,与来自孟加拉湾和南海的暖湿气流交汇,形成水汽通量异常辐合区,造成汉江上游降水异常偏多(图 2.1-3 至图 2.1-5)。

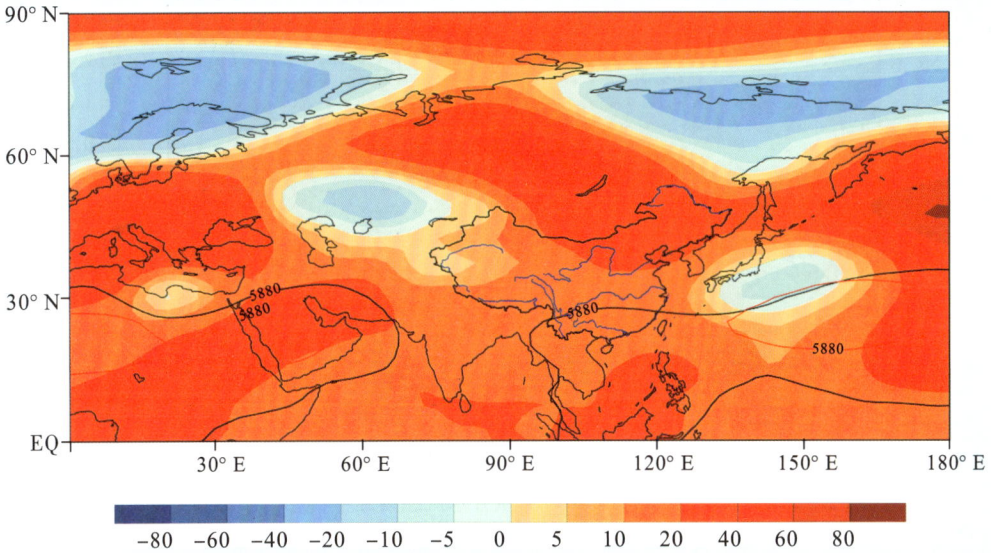

图 2.1-3   **2023 年 9—10 月 500hPa 高度及距平场分布(单位:gpm;红色线为气候平均的 5880gpm 等值线,黑色线为 2022 年 5880gpm 等值线)**

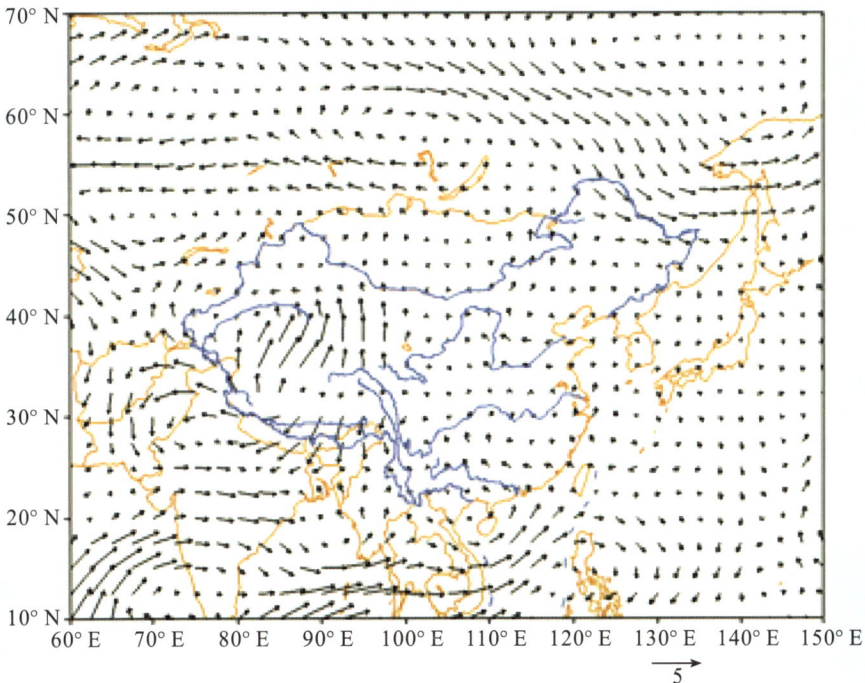

图 2.1-4   **2023 年 9—10 月 850hPa 距平风场(单位:m/s)**

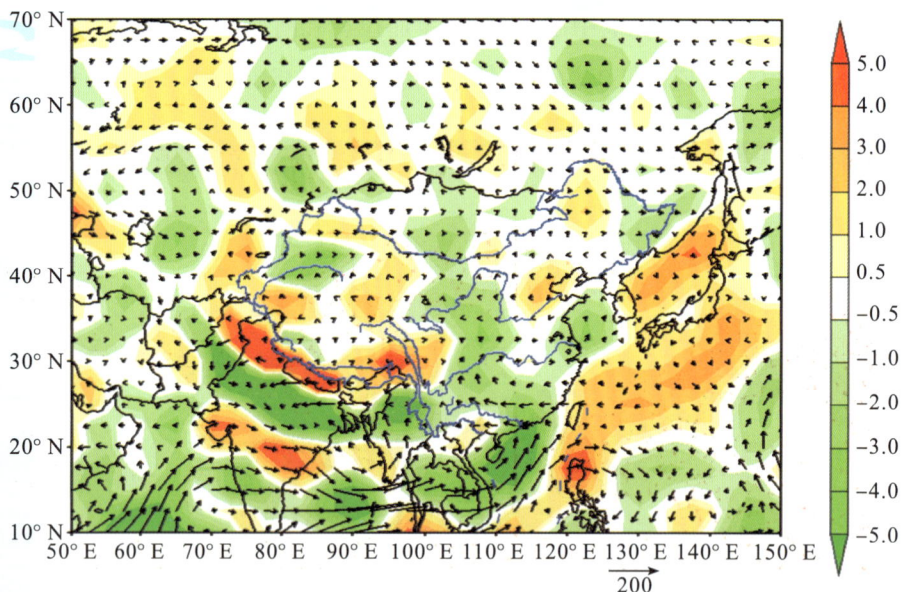

图 2.1-5　2023 年 9—10 月对流层整层积分水汽通量距平(箭矢,单位:kg/(s·m))

及水汽输送通量散度距平场(填色,单位:10^{-5} kg/(s·m))

2.1.3　气象干旱持续发展

受前期降水持续偏少影响,2 月上旬金沙江中下游、嘉陵江上中游及岷沱江中下游以特旱为主,中下旬干旱逐步缓解,28 日仅金沙江中下游仍维持重旱至特旱,云南省内各江河电站水位普遍处于低位。

3—5 月,金沙江中下游旱情持续发展,并延伸至岷沱江下游和乌江流域,干旱少雨导致森林火险等级高,供水供电受限。4 月 11 日,云南省丽江市玉龙纳西族自治县塔城乡、玉溪市江川区突发森林火灾;4 月 15 日 21 时,云南省玉溪市江川区发生森林火灾;4 月 13 日 16 时 21 分,昆明市安宁市发生森林火情;4 月 17 日,云南省大理州弥渡县红岩镇猫猫箐林区发生森林火灾。5 月 9 日 17 时,祥云县祥城镇平坝村发生森林火灾,过火面积 18hm²;5 月 30 日,四川省凉山彝族自治州木里藏族自治县三桷垭乡鸡毛店村麦热依陡岩的灌木林出现森林火灾,面积约 25.5hm²。云南省供电中水电占大头,因水库来水偏枯,造成水电发电不足,给广东省送电减少,广东省电力供需矛盾在 5 月凸显。

6 月中旬降水过程开始增多,金沙江中下游、岷沱江大部干旱逐步缓解;8 月上旬气象干旱主要出现在金沙江中下游部分地区和两湖流域中南部,8 月降水过程进一步缓解了流域旱情,截至 8 月 31 日,仅嘉陵江上游、岷沱江下游局部、洞庭湖中部仍存在中—重度气象干旱(图 2.1-6)。随着降雨增加,长江分流入洞庭湖"三口"水系

（松滋河、虎渡河、藕池河）流量增大，27 日 8 时"三口"水系来水流量为 $2865\,\mathrm{m^3/s}$，洞庭湖控制站城陵矶水位为 26.47m，呈涨势状态；27 日 8 时康家岗水文站流量为 $0.24\,\mathrm{m^3/s}$，标志着藕池河西支恢复过流，结束自 2022 年 7 月 10 日以来长达 413 天的连续断流状态。至此，长江分流入洞庭湖"三口"水系全部恢复过流。

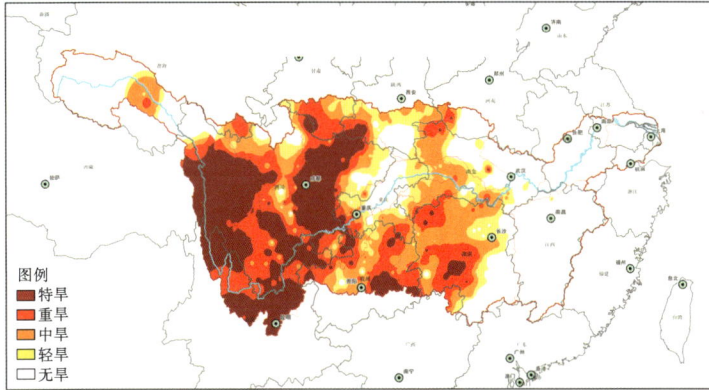

（a）长江流域气象干旱综合监测图［MCI］2023 年 2 月 1 日

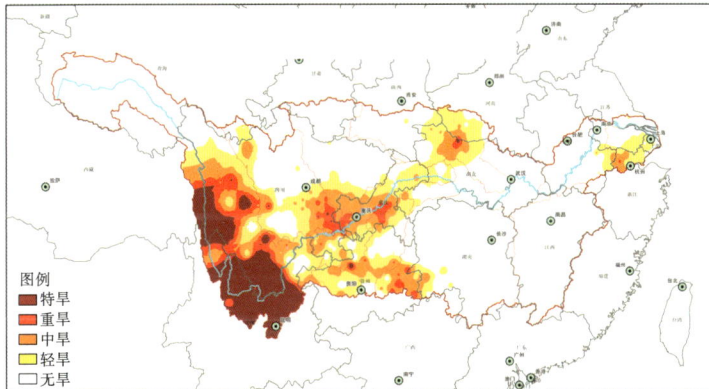

（b）长江流域气象干旱综合监测图［MCI］2023 年 4 月 17 日

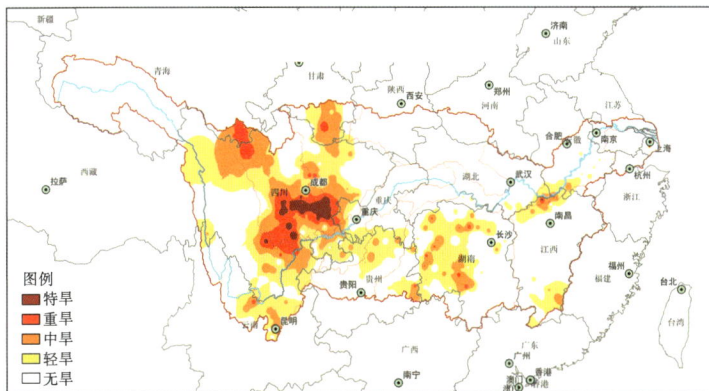

（c）长江流域气象干旱综合监测图［MCI］2023 年 6 月 30 日

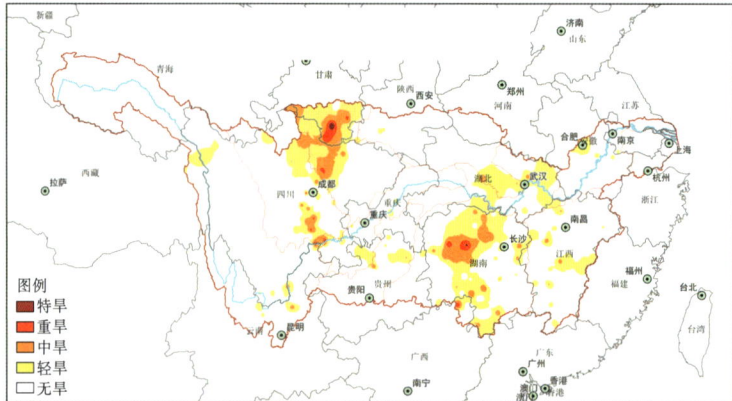

(d)长江流域气象干旱综合监测图［MCI］2023 年 8 月 31 日

图 2.1-6　2023 年长江流域气象干旱综合监测图

2.1.4　水文特征

2023 年 1—12 月,长江流域来水量偏少 27.8%。其中,上游金沙江向家坝站来水偏少 16.9%,干流寸滩站来水偏少 16.5%,三峡入库来水偏少 19.4%;中下游干流宜昌、螺山、汉口站来水偏少 16.6%~27.1%,大通站来水偏少 27.8%;流域内主要支流来水均偏少,其中岷江高场站、沱江富顺站、嘉陵江北碚站来水分别偏少 18.8%、8%、8.8%,乌江武隆站来水偏少 37%,汉江丹江口入库、兴隆站来水分别偏多 46.3%、5.5%,洞庭湖"四水"合成流量偏少 44.7%,鄱阳湖"五河"合成流量偏少 14.4%。

2023 年 1—12 月长江干流主要站平均流量统计见表 2.1-1。

（1）1—3 月

长江上中游主要水库持续消落,干支流主要控制站来水偏少,长江流域整体来水较历史同期均值偏少 30.4%,上游干支流来水(除乌江外)均不同程度偏多,下游干支流来水基本呈现偏少态势。长江流域主要水库蓄量总体减少,合计减少 288.07 亿 m³。

（2）4 月

长江数条支流发生超警及以上洪水,超警及以上站点共 6 站,涉及河流 5 条,主要分布在洞庭湖湘江和鄱阳湖赣江,最大超警幅度 0.33~0.99m。

表 2.1-1

2023 年 1—12 月长江干流主要站平均流量统计

（单位：流量 m^3/s，距平％）

站名	项目	1 月	2 月	3 月	4 月	5 月	6 月	7 月	8 月	9 月	10 月	11 月	12 月	1—3 月	4—10 月	6—8 月	1—12 月
三峡入库	本年	6100	7090	6880	6580	8850	11900	16300	17500	17800	15900	8520	6660	6680	13600	15300	10900
	均值	4580	4100	4800	7100	11200	18500	30000	25800	23400	16300	9460	5820	4510	18900	24800	13500
	距平	33.2	72.9	43.3	−7.3	−21.0	−35.7	−45.7	−32.2	−23.9	−2.5	−9.9	14.4	48.1	−28.0	−38.3	−19.4
宜昌	本年	7000	6830	6890	6840	10500	13300	15000	19000	14900	15100	9920	8540	6910	13500	15800	11200
	均值	5460	5150	5810	7960	12300	18000	28700	25600	21100	14500	9490	6210	5480	18300	24200	13400
	距平	28.2	32.6	18.6	−14.1	−14.6	−26.1	−47.7	−25.8	−29.4	4.1	4.5	37.5	26.1	−26.2	−34.7	−16.6
汉口	本年	8630	9420	9520	14400	17600	21100	20900	22900	20400	23500	15600	11400	9180	20100	21600	16300
	均值	10600	10700	13600	17400	23900	30900	42900	37000	30600	22400	16300	11300	11700	29300	37000	22400
	距平	−18.6	−12.0	−30.0	−17.2	−26.4	−31.7	−51.3	−38.1	−33.3	4.9	−4.3	0.9	−21.5	−31.4	−41.6	−27.1
大通	本年	9940	12100	11200	22000	25000	26400	29700	26600	25200	27200	19700	13800	11000	26000	27600	20800
	均值	13700	14400	19400	24900	32100	40800	52400	44900	37500	28300	20700	15200	15900	37300	46100	28800
	距平	−27.4	−16.0	−42.3	−11.6	−22.1	−35.3	−43.3	−40.8	−32.8	−3.9	−4.8	−9.2	−30.8	−30.3	−40.1	−27.8

4月,长江流域来水较历史同期均值偏少11.6%。长江流域水库群蓄量总体减少,合计减少9.75亿m³,其中上游水库群合计减少22.99亿m³,中游水库群合计增加13.24亿m³。三峡水库蓄量减少2.24亿m³。

(3)5月

长江多条支流发生超警及以上洪水,超警及以上站点共12站,涉及河流12条,主要分布在鄱阳湖赣江、抚河,乌江支流芙蓉江和鄂东北诸河,最大超警幅度0.01~1.96m。

5月,长江流域来水偏少22.1%。长江流域水库群蓄量总体减少,合计减少12.18亿m³,其中上游水库群合计减少53.9亿m³,中游水库群合计增加41.72亿m³。三峡水库蓄量减少32.27亿m³。

(4)6月

长江上游来水偏少程度加剧,长江中下游多条支流发生超警及以上洪水,乐安河发生编号洪水。

6月,长江中下游多条支流发生超警及以上洪水,主要分布在洞庭湖湘江、鄱阳湖赣江、抚河、信江、饶河等支流,超警戒站点共15个,涉及河流12条,最大超警幅度0.04~1.26m。乐安河虎山站水位24日18时55分涨至警戒水位(26.0m),达到洪水编号标准,"乐安河2023年第1号洪水"在乐安河中游形成,24日22时虎山站出现最高水位26.17m(超警0.17m,相应流量4010m³/s),最大流量4240m³/s(24日22时2分)。

6月,长江流域主要水库蓄量总体增加,合计增加110.94亿m³,其中上游水库群合计增加28.98亿m³,中游水库群合计增加81.96亿m³。三峡水库蓄量减少8.88亿m³。

(5)7月

长江流域来水偏少43.3%,长江流域重要干支流来水全线偏少。

7月,金沙江上游、岷江、沱江、赤水河、嘉陵江、乌江、洞庭湖沅江、鄱阳湖饶河昌江、滁河等多条支流发生超警及以上洪水,超警及以上站点共24站(其中超历史1站,超保证4站),涉及河流23条,最大超警幅度0.1~5.08m。

7月,长江流域主要水库蓄量总体增加,合计增加178.67亿m³,其中上游水库群合计增加155.78亿m³,中下游水库群合计增加22.89亿m³。三峡水库蓄量增加58.31亿m³。

(6)8 月

长江流域来水偏少 40.8%,长江流域重要干支流来水全线持续偏少。

8 月,金沙江、雅砻江、嘉陵江、清江、澧水、赣江等多条支流发生超警及以上洪水,涉及站点共 13 站,其中超历史 4 站,涉及河流 9 条,最大超警幅度 0.01～2.71m。

8 月,受持续强降雨影响,金沙江上游发生明显涨水过程,岗托以上江段发生超历史洪水,直门达最大流量 4210m³/s(19 日 6 时),超历史实测最大流量 3860m³/s(1989 年 6 月 21 日),岗托站最大流量 4360m³/s(19 日 23 时),超历史实测最大流量 3800m³/s(2005 年 8 月 4 日);8 月 22 日 8 时,金沙江石鼓站水位涨至 1824.33m,接近保证水位 1824.50m,相应流量 5590m³/s,"金沙江 2023 年第 1 号洪水"在金沙江上游形成。

8 月,长江流域主要水库蓄量总体增加,合计增加 138.17 亿 m³,其中上游水库群合计增加 113.13 亿 m³,中游水库群合计增加 25.04 亿 m³。三峡水库蓄量减少 18.24 亿 m³。

(7)9 月

长江流域来水偏少 32.8%,长江流域来水偏枯程度有所缓解。

9 月,金沙江上游、乌江、清江、汉江、赣江各支流发生超警及以上洪水,超警站点共 9 站,涉及河流 9 条,最大超警幅度 0.04～1.91m。

9 月上旬初,金沙江石鼓站来水波动上涨,2 日 8 时水位涨至 1824.36m,接近保证水位(相应流量 5260m³/s),形成"金沙江 2023 年第 2 号洪水"。

9 月下旬,汉江发生较大涨水过程。上游干流白河站 29 日 15 时出现月最大流量 9470m³/s,丹江口水库入库流量波动上涨,9 月 29 日 20 时入库流量涨至 15100m³/s,"汉江 2023 年第 1 号洪水"在汉江上游形成,此后,入库流量持续上涨,月最大入库流量 16400m³/s,日均出库维持在 919～1700m³/s,27 日 19 时起逐步开闸泄洪,9 月 30 日 15 时最大出库流量达到 10100m³/s(其中向中下游下泄流量 9800m³/s),库水位逐步抬升至 167.94m(10 月 1 日 0 时)。

9 月,长江流域主要水库蓄量总体增加,合计增加 213.58 亿 m³,其中上游水库群合计增加 153.8 亿 m³,中游水库群合计增加 59.78 亿 m³。三峡水库蓄量增加 96.66 亿 m³。

(8)10 月

长江流域来水偏少 3.9%,正常略偏少,上游枯水情势缓解。

10月，汉江及主要支流发生超警及以上洪水，超警及以上站点共12站，涉及河流8条，最大超警幅度0.02~1.01m。

受降雨影响，10月上旬汉江发生明显涨水过程，10月2日22时皇庄站水位48.02m，超过警戒水位0.02m，达到汉江洪水编号标准，"汉江2023年第2号洪水"在汉江中游形成。丹江口水库发生2次明显涨水过程，最大入库流量分别为14300m³/s（10月2日17时）、9610m³/s（10月6日22时），丹江口水库开闸泄洪，日均出库流量在10000m³/s左右，随后出库流量逐步减小，并维持在1000~3000m³/s波动，库水位持续上涨，并于12日19时涨至正常蓄水位170m，这是丹江口水库大坝加高后继2021年第二次蓄满。受丹江口水库泄洪及区间来水影响，汉江中下游干流主要控制站皇庄、沙洋、仙桃、汉川站相继超警，最高水位分别为49.01m、42.34m、35.24m、29.39m，超警幅度0.14~1.01m，超警历时1~3天。汉江中下游主要支流清河、蛮河、东荆河发生超警洪水，清河店、朱市、潜江站最高水位分别为69.45m、60.07m、39.70m，超警幅度0.05~0.07m。

10月，长江流域水库群蓄量总体增加，截至11月1日8时，长江流域水库群已蓄水量1047.65亿m³，本月合计增加98.35亿m³，其中上游水库群合计增加81.64亿m³，中游水库群合计增加16.71亿m³。三峡水库蓄量增加40.24亿m³。

(9)11—12月

长江流域来水正常偏少。

11月，长江流域来水总体偏少4.8%。11月，长江流域水库群蓄量总体减少，合计减少54.29亿m³，其中上游水库群（含三峡）合计减少40.81亿m³，中游水库群合计减少13.48m³。

12月，长江流域来水总体偏少9.2%。12月，长江流域水库群蓄量总体减少，合计减少129.45亿m³，其中上游水库群（含三峡）合计减少90.16亿m³，中游水库群合计减少39.29亿m³。

2.2 主要水旱灾害

2023年流域整体以偏枯为主，部分支流发生较大洪水。受2022年干旱和2023年上半年来水偏少共同影响，2023年汛期6—8月长江干流多个主要站年最高水位创历史最低，中下游湖口以上河段水位低于2022年同期。长江流域来水总体偏少，长江大通站年平均流量20800m³/s，较历史同期均值偏少27.8%，大通站实况平均流量居历史倒数第1位，汉口站年平均流量16300m³/s，较历史同期均值偏少27.1%，为

1865 年以来仅大于 1900 年、1928 年,居倒数第 3 位。

2023 年,长江流域超警及以上站点共计 88 站次,涉及河流 78 条,主要分布在金沙江、岷沱江、嘉陵江、乌江、洞庭湖支流湘江、鄱阳湖支流赣江和抚河,以及汉江等流域,最大超警幅度 0.01~5.08m。主汛期及秋汛期期间,金沙江、綦江、乐安河、汉江等发生编号洪水,其中金沙江和汉江均发生编号洪水 2 次。

2.2.1　干旱灾害情况[①]

(1)长江流域来水显著偏少

2023 年 1—12 月,长江流域来水量总体偏少 27.8%。其中,上游向家坝、寸滩站分别偏少 16.8%、16.5%,三峡入库偏少 19.4%;中下游干流汉口站偏少 27.1%,大通站偏少 27.8%;除了汉江外,流域内主要支流来水均偏少,偏小幅度在 8%~44.7%,汉江丹江口入库偏多 46.3%。长江中下游汉口站年实况平均流量 16300m³/s,为 1865 年以来(共 155 年资料)仅大于 1900 年、1928 年,居历史倒数第 3 位(还原流量 17100m³/s,居历史倒数第 4 位);大通站年实况平均流量 20800m³/s,为 1923 年以来(共 81 年资料)最小年平均流量,居历史倒数第 1 位(还原流量 21600m³/s,居历史倒数第 3 位)。

(2)长江中下游干流主要控制站年最高水位创历史新低

汛期,长江中下游干流及两湖出口主要控制站年最高水位较常年总体偏低,均未发生超警戒水位洪水。受 8 月和 10 月强降水影响,长江中下游宜昌至汉口河段主要站点在 8 月下旬和 10 月上旬集中出现年最高水位,但各站年最高水位较历年均值偏低 3.51~6.06m。其中,七里山站、莲花塘站、螺山站、汉口站、九江站、湖口站年最高水位均居历年特征值序列倒数第 1 位,大通站年最高水位居历年特征值序列倒数第 2 位。2023 年长江流域各主要控制站最高水位、最大流量相关特征统计见表 2.2-1。由表 2.2-1 可见,长江干流以及乌江多个主要控制站水位居历史系列中末位,两湖流域各站年最大流量居历史系列中较后的位置。

[①]本节分析均采用报汛资料。

表 2.2-1

2023 年长江流域各主要控制站最高水位、最大流量相关特征统计

河名	站名	年最高水位/m				年最大流量/(m³/s)				年最高水位排序		年最大流量排序	
		本年	出现时间	历年最高	出现时间	本年	出现时间	历年最大	出现时间	排序/统计年数	资料序列	排序/统计年数	资料序列
长江	向家坝	272.31	2023.8.24	283.18	2012.7.23	7230	2023.8.28	29000	1966.9.2	14/14	2009—2010 2012—2023	84/84	1940—2023
	朱沱	205.61	2023.8.13	217.04	2012.7.23	21800	2023.8.13	55800	2012.7.23	69/70	1954—2023	69/70	1954—2023
	寸滩	175.85	2023.10.16	192.00	1905.8.11	31000	2023.7.29	85700	1981.7.16	118/131	1892—1948 1950—2023	126/132	1892—2023
	宜昌	47.44	2023.8.25	55.92	1896.9.4	27800	2023.8.25	71100	1896.9.4	147/147	1877—2023	147/147	1877—2023
	沙市	37.54	2023.8.26	45.22	1998.8.17	23200	2023.8.26	54600	1981.7.19	81/81	1937—1940 1947—2023	33/33	1991—2023
	监利	30.35	2023.8.26	38.31	1998.8.17	21000	2023.8.26	46300	1998.8.17	83/83	1934—1938 1946—2023	64/64	1950—1960 1966—1969 1975—2023
	莲花塘	26.54	2023.8.28	35.80	1998.8.28	—	—	—	—	51/51	1954—1970 1973—2023	—	—
	螺山	25.45	2023.8.28	34.95	1998.8.20	25500	2023.8.27	78800	1954.8.7	71/71	1953—2023	71/71	1953—2023
	汉口	20.97	2023.10.6	29.73	1954.8.18	31100	2023.10.6	76100	1954.8.14	158/158	1865—1944 1946—2023	157/158	1865—1944 1946—2023
	九江	15.52	2023.7.1	23.03	1998.8.2	30200	2023.10.6	75000	1996.7.23	119/119	1885 1898—1937 1946—2023	36/36	1988—2023

续表

河名	站名	年最高水位/m				年最大流量/(m³/s)				年最高水位排序		年最大流量排序	
		本年	出现时间	历年最高	出现时间	本年	出现时间	历年最大	出现时间	排序/统计年数	资料序列	排序/统计年数	资料序列
长江	大通	10.39	2023.7.2	16.64	1954.8.1	38500	2023.7.2	92600	1954.8.1	86/87	1922—1925 1929—1931 1935—1937 1947—2023	87/87	1922—1925 1930—1931 1934—1937 1947—2023
岷江	高场	283.63	2023.8.12	290.12	1961.6.29	16600	2023.8.12	37500	2020.8.18	54/85	1939—2023	50/85	1939—2023
沱江	富顺	267.94	2023.7.29	273.11	2010.8.22	3820	2023.7.29	15200	1981.7.15	11/21	2002—2023	51/71	1952—2000 2002—2023
嘉陵江	武胜	214.74	2023.7.4	232.06	1981.7.15	3920	2023.7.4	28900	1981.7.15	79/84	1940—2023	76/79	1944—1950 1952—2023
	北碚	187.21	2023.7.4	208.17	1981.7.16	15200	2023.7.4	44800	1981.7.16	81/85	1939—2023	71/85	1939—2023
	凤滩	297.66	2023.7.4	303.88	2011.9.18	14700	2023.7.4	29900	2011.9.18	2/71	1953—2023	28/71	1953—2023
渠江	三汇	255.29	2023.7.4	267.81	2011.9.19	13300	2023.7.4	29400	2011.9.19	28/65	1939—1956 1976—2023	8/27	1939—1954 1965—2012 2016—2017
	罗渡溪	217.48	2023.7.5	227.92	2011.9.20	14300	2023.7.5	28300	2011.9.20	43/71	1953—2023	39/71	1974—1975 2019—2023
涪江	小河坝	237.67	2023.4.8	245.16	2018.7.12	7570	2023.7.14	28700	1981.7.15	10/72	1951—2013 2015—2023	39/72	1951—2013 2015—2023

续表

河名	站名	年最高水位/m 本年	出现时间	历年最高	出现时间	年最大流量/(m³/s) 本年	出现时间	历年最大	出现时间	年最高水位排序 排序/统计年数	资料序列	年最大流量排序 排序/统计年数	资料序列
乌江	武隆	177.99	2023.10.23	204.63	1999.6.30	3410	2023.9.28	22800	1999.6.30	73/73	1951—2023	73/73	1951—2023
湘江	湘潭	36.16	2023.6.27	41.95	1994.6.18	14100	2023.6.27	26400	2019.7.10	68/80	1936—1937 1943 1946—1948 1950—2023	32/79	1936—1937 1946—1948 1950—2023
资水	桃江	37.10	2023.4.4	44.44	1996.7.17	3410	2023.4.4	15300	1955.8.27	73/79	1941—1943 1947—1949 1951—2023	68/77	1941—1943 1948 1951—2023
沅江	桃源	33.78	2023.4.19	47.37	2014.7.17	3350	2023.5.25	29100	1996.7.17	72/76	1948—2023	72/76	1948—2023
澧水	石门	55.85	2023.8.28	62.66	1998.7.23	5500	2023.8.28	19900	1998.7.23	63/73	1950—2023	59/73	1950—2023
洞庭湖	七里山	26.55	2023.8.28	35.94	1998.8.20	14500	2023.6.28	57900	1931.7.30	113/113	1904—1938 1946—2023	83/84	1931 1933—1938 1946—1948 1950—2023
汉江	白河	182.67	2023.9.29	196.63	1983.8.1	9470	2023.9.29	31000	1983.8.1	52/89	1935—2023	53/88	1935—1947 1949—2023
	皇庄	49.01	2023.10.4	50.79	1964.10.6	13900	2023.10.4	29100	1958.7.19	8/78	1936—1938 1947 1950—2023	22/76	1936—1938 1950—1972 1974—2023

续表

河名	站名	年最高水位/m				年最大流量/(m³/s)				年最高水位排序		年最大流量排序	
		本年	出现时间	历年最高	出现时间	本年	出现时间	历年最大	出现时间	排序/统计年数	资料序列	排序/统计年数	资料序列
汉江	仙桃	35.24	2023.10.5	36.24	1984.9.30	8940	2023.10.5	14600	1964.10.9	19/81	1932—1938 1947 1951—2023	14/67	1954—1967 1971—2023
鄱阳湖	湖口	15.01	2023.7.1	22.59	1998.7.31	14900	2023.6.28	31900	1998.6.26	84/84	1931—1937 1947—2023	43/74	1950—2023
赣江	外洲	20.84	2023.3.27	25.6	1982.6.20	9440	2023.5.8	21500	2010.6.22	64/76	1947—1948 1950—2023	47/70	1950—2023
抚河	李家渡	29.68	2023.5.7	33.08	1998.6.23	7210	2023.5.7	11100	2010.6.21	41/72	1952—2023	11/72	1952—2023
信江	梅港	23.43	2023.6.25	29.84	1998.6.23	4950	2023.6.25	13800	2010.6.20	66/72	1952—2023	50/72	1952—2023
昌江	渡峰坑	27.54	2023.6.25	34.27	1998.6.26	3170	2023.6.25	8600	1998.6.26	55/73	1950—1951 1953—2023	47/71	1952—2023
乐安河	虎山	26.17	2023.6.24	32.28	2022.6.21	4240	2023.6.24	10900	2022.6.21	44/72	1952—2023	36/72	1952—2023
潦水	万家埠	22.49	2023.5.22	29.68	2005.9.4	884	2023.5.22	5600	1977.6.15	57/72	1952—2023	66/72	1952—2023
修水	虬津	18.07	2023.5.18	25.29	1993.7.5	711	2023.5.18	4070	1993.7.5	38/42	1982—2023	24/41	1983—2023

2.2.2　汉江秋汛情况

8月下旬至10月上旬,汉江流域共发生7次降雨过程,分别为8月22—23日、8月25—27日、9月9—12日、9月17—20日、9月22—29日、10月1—2日、10月4—6日,降雨过程频繁。汉江流域累计降水量363.5mm,较30年同期均值偏多1.1倍,其中,汉江上游较30年同期均值偏多近90%,中下游较30年同期均值偏多近1.6倍。

9月下旬至10月上旬,汉江流域发生2次明显洪水过程。9月29日20时,丹江口水库入库流量涨至15100m³/s,汉江上游形成"汉江2023年第1号洪水";9月下旬,汉江中下游水位持续上涨,中游皇庄站水位于10月2日22时涨至48.02m,超过警戒水位0.02m,汉江中游形成"汉江2023年第2号洪水",2次编号洪水间隔仅74小时。其中,丹江口水库最大入库流量分别为16400m³/s(9月30日4时)、14300m³/s(10月2日17时),库水位9月底涨至167.9m左右,10月12日19时库水位成功蓄至170m正常蓄水位。汉江上游主要支流月河、黄洋河、坝河、堵河先后发生超警戒洪水。

受丹江口水库调度及丹江口至皇庄区间强降雨共同影响,汉江中下游干流主要控制站皇庄、沙洋、仙桃、汉川站相继超警,最高水位分别为49.01m、42.34m、35.24m、29.39m,超警幅度0.14~1.01m,超警历时1~3天,皇庄站发生自1984年以来最高水位49.01m(超警戒1.01m,相应流量13900m³/s)。丹江口至皇庄区间支流清河发生超历史洪水、蛮河发生超警戒洪水。9月10日至10月10日主要场次洪水过程特征值统计见表2.2-2。

表 2.2-2　　　　9月10日至10月10日主要场次洪水过程特征值统计

河流	水系	水库/水文站点	峰现时间	洪峰水位/m	流量/(m³/s)	备注
汉江	汉江上游	丹江口	9月30日04:00		16400	
			10月2日17:00		14300	
			10月6日22:00		9610	
		长枪铺	9月19日19:30		1620	警戒流量1000m³/s
		县河口	9月29日20:30		648	警戒流量500m³/s
		桂花园	9月29日20:00		942	警戒流量500m³/s
		竹山	9月29日23:00	256.74		超警0.74m
			9月29日23:00		4650	

续表

河流	水系	水库/水文站点	峰现时间	洪峰水位/m	流量/(m³/s)	备注
汉江	汉江中下游	皇庄	10 月 4 日 06：00	49.01		超警 1.01m（1984 年以来最高水位）
			10 月 4 日 03：00		13900	
		沙洋	10 月 4 日 23：00	42.34		超警 0.54m
		仙桃	10 月 5 日 16：00	35.24		超警 0.14m
			10 月 5 日 16：00		8940	
		汉川	10 月 5 日 20：00	29.39		超警 0.39m
		清河店	10 月 3 日 02：00	69.45		超历史
		朱市	10 月 3 日 11：00	60.07		超警 0.07m

与设计成果对比可知，丹江口最大 7 天洪量接近秋季 5 年一遇；皇庄站洪峰流量接近秋季 5 年一遇，最大 7 天洪量超过 5 年一遇；丹江口至皇庄区间最大 7 天洪量超过 5 年一遇，接近 10 年一遇。综合来看，2023 年汉江发生 5～10 年一遇秋汛洪水。

2.3　防汛抗旱主要措施及成效

2.3.1　干旱防御主要措施及成效

2023 年，长江流域降雨总体偏少，流域部分地区发生旱情，但旱情总体不重，旱灾损失与 2022 年相比总体较轻。

长江委密切关注雨水情变化，滚动开展旱涝趋势预测，加快构建"三道防线"，与长江流域气象中心建立了雷达数据共享机制。组织开展流域本级 135 个断面的旱警水位（流量）确定工作，并对长江流域相关 14 个省（自治区、直辖市）的旱警水位（流量）成果进行复核审查。完成长江流域控制性水利工程综合调度支持系统建设，为流域综合科学调度指挥决策提供强有力的信息化支撑，有效支撑日常会商。会同有关地方水利部门，基于雨水情、咸情研判及 2022 年两次抗旱专项补水行动和压咸调度实践，编制长江流域 2023 年度抗旱应急水量调度预案。为做好长江中下游干流区域城乡供水和农业灌溉用水保障工作，多次分别赴湖北、湖南、江西、安徽 4 个省开展长江中下游春季供水和农业灌溉用水需求调研，有针对性开展水库调度和抗旱指导工作。持续关注四川、云南、贵州等省旱情发展，及时汇总旱情动态，及时跟踪了解城乡群众生活供水保障方案实施进展，督促全力保障城乡群众生活用水需求。

精细调度三峡水库下泄流量,以控制沙市水位不低于 29.5m、汉口水位不低于 12.5m 为目标,保障沿线主要水厂的取水条件,2022 年 11 月至 2023 年 4 月调度长江上游水库群持续向下游补水 345 亿 m³,平均抬高长江中下游干流水位 0.5～2.5m。优化三峡、金沙江中游、金沙江下游和乌江梯级水库群消落,将三峡水库消落水位控制到 150m,在金沙江中游、三峡水库汛限水位以上留存了 30 多亿 m³ 水量,提前做好抗旱水资源储备。在确保防洪安全前提下,优化开展三峡、丹江口、金沙江中游、金沙江下游、乌江等流域水库群汛期运行水位控制。调度三峡水库稳定在 150m 以上运行,汛期(6 月 10 日至 9 月 10 日)平均运行水位 154.81m;科学实施丹江口水库汛期运行水位动态控制,夏汛期最高上浮至 162.17m,夏秋汛期平均运行水位分别为 161.77m、164.75m。统筹防洪、供水、发电、航运和生态补水等综合利用要求,完善南水北调中线一期工程优化运用方案,滚动调整和批复丹江口水库发电计划用水量。充分发挥综合效益,通过科学开展汛前消落及汛期水位优化动态控制,三峡水库汛期(6 月 10 日至 9 月 10 日)增加发电量超 30 亿 kW·h,金沙江中游梯级仅 7 月增发电量 3.51 亿 kW·h,为成都大运会、杭州亚运会等重大活动和电网迎峰度夏提供有力电力保障。

2.3.2 洪水防御主要措施及成效

扎实做好汛前准备,对流域 12 个省(直辖市)开展汛前检查,开展 7 个省(自治区、直辖市)水旱灾害防御专项监督检查,检查水毁修复工程 3642 处、开口工程 160 处,检查 32 个县(市、区)山洪灾害监测预警工作及 112 个自动监测站点,组织开展长江"1999＋"洪水防洪调度演练和澧水流域江垭、皂市水库防汛抢险演练,收集审核汇总流域内 46 处国家蓄滞洪区建设管理台账。

强化流域水工程统一联合调度,成功应对了重庆綦江、江西乐安河等支流编号洪水。在防御汉江秋汛期间,先后发出 17 道调度令精细调整丹江口水库下泄流量,会同陕西、湖北、河南等省水利厅科学联合调度石泉、安康、潘口、三里坪、鸭河口等干支流控制性水库拦洪削峰错峰,2 次编号洪水期间共拦洪 17.5 亿 m³,其中丹江口水库拦洪 13.1 亿 m³,削峰率分别为 40％和 52％,将皇庄站洪峰流量从 20000m³/s 降低至 13900m³/s,避免了汉江仙桃至汉川河段超保证水位及杜家台蓄滞洪区分洪道分流,保障汉江流域防洪安全。

汛前编制完成《2023 年度水工程联合调度运用计划》并经水利部批复,并优化金沙江下游、乌江、清江等梯级水库调度方案。有序推进长江流域防洪规划修编,加快蓄滞洪区布局优化调整深化论证,督促推进洪湖东分块、杜家台、华阳河、康山蓄滞洪区建设及武湖、涨渡湖、白潭湖等蓄滞洪区前期工作。加快完善长江流域控制性水利工程综合调度支持系统,全力推进长江流域水监控系统全覆盖项目建设。

2.3.3　航道畅通保障措施及成效

通过长江流域控制性水库群联合调度,枯水期有效实施补水,汛期流量较为平稳,三峡水库蓄水期平均下泄流量近 15000m³/s,明显改善了长江沿线通航条件。截至 2023 年 12 月底,长江干线港口完成货物吞吐量 38.7 亿 t,同比增长 8.1%,其中三峡枢纽航运通过量累计 1.74 亿 t,同比上升增长 7.6%,为促进长江"黄金水道"畅通提供了有力支撑。

2.3.4　水工程联合调度主要措施及成效

(1)水工程范围

2023 年纳入联合调度的水工程数量扩展至 125 座(处),新增嘉陵江江口、武都 2 座水库,滁河流域、水阳江流域 9 座水闸工程,引江济淮、引汉济渭工程 2 座引调水工程;排涝泵站数量调整为 11 座,较 2022 年增加 1 座,共增加 14 座水工程。其中,蓄滞洪区 46 处,总蓄洪容积 583.68 亿 m³(图 2.3-1);控制性水库 53 座,总调节库容 1169 亿 m³,总防洪库容 706 亿 m³(图 2.3-2);排涝泵站 11 座,总排涝能力约 1880m³/s(图 2.3-3);水闸 9 座,总设计泄流能力约 8078m³/s(图 2.3-4);引调水工程 6 项,年设计总引调水规模 284 亿 m³(图 2.3-5)。

(2)水工程统一调度实践

统筹考虑防洪、抗旱、供水、生态等多目标需求,强化实施长江流域控制性水工程统一联合调度,优化水库群汛前消落,积极防御汉江秋汛,统筹推进流域水库群汛末蓄水,充分发挥水工程联合调度综合效益。

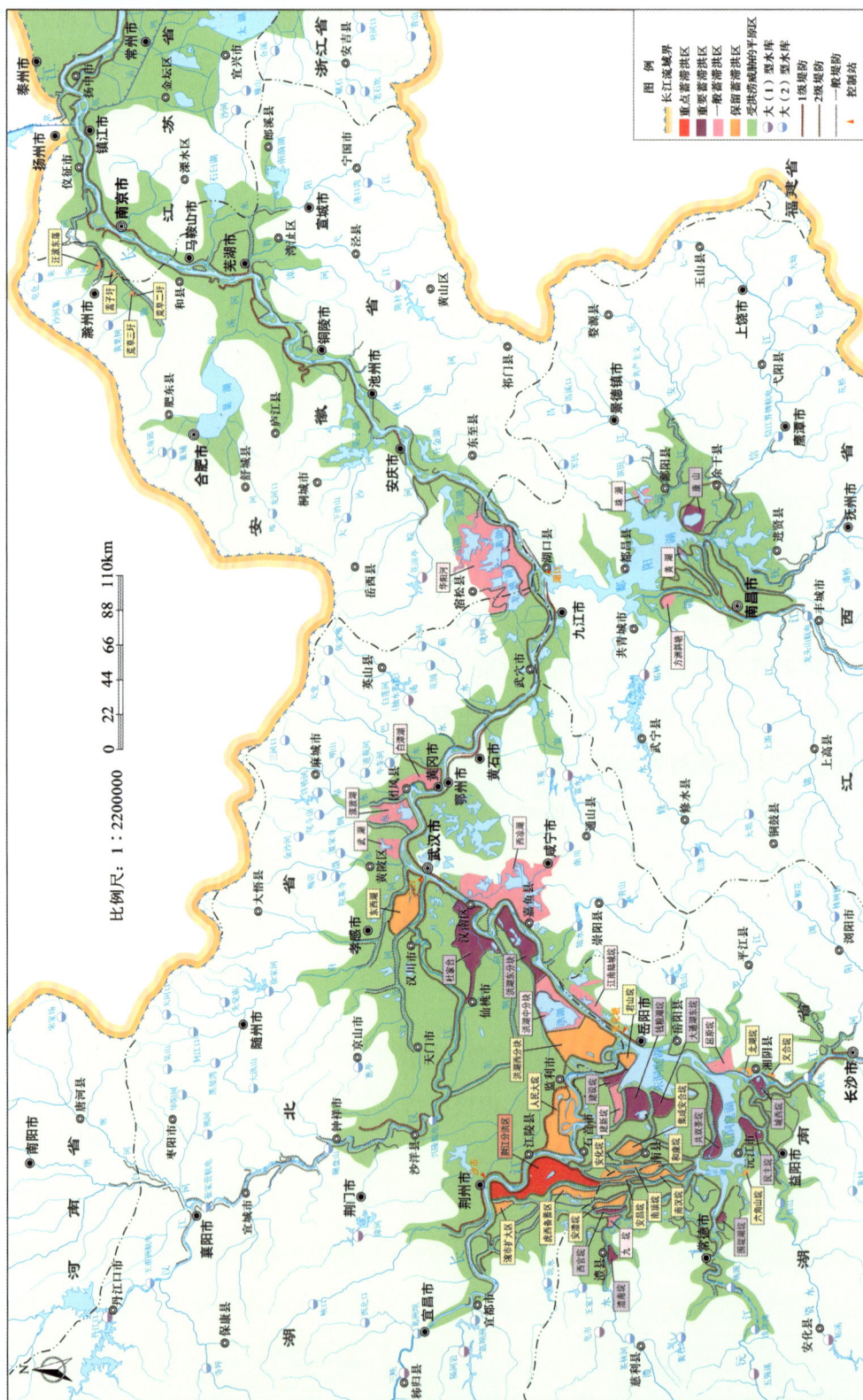

图2.3-1 纳入2023年长江流域水工程联合调度的蓄滞洪区

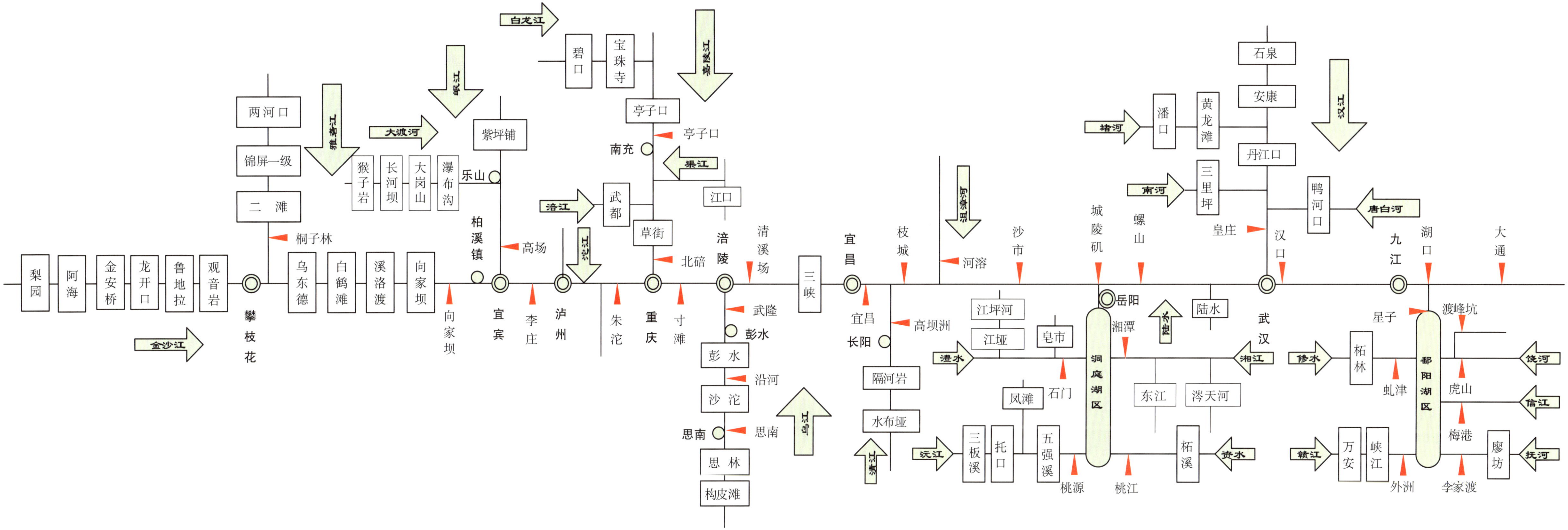

图2.3-2 纳入2023年长江流域水工程联合调度的控制性水库

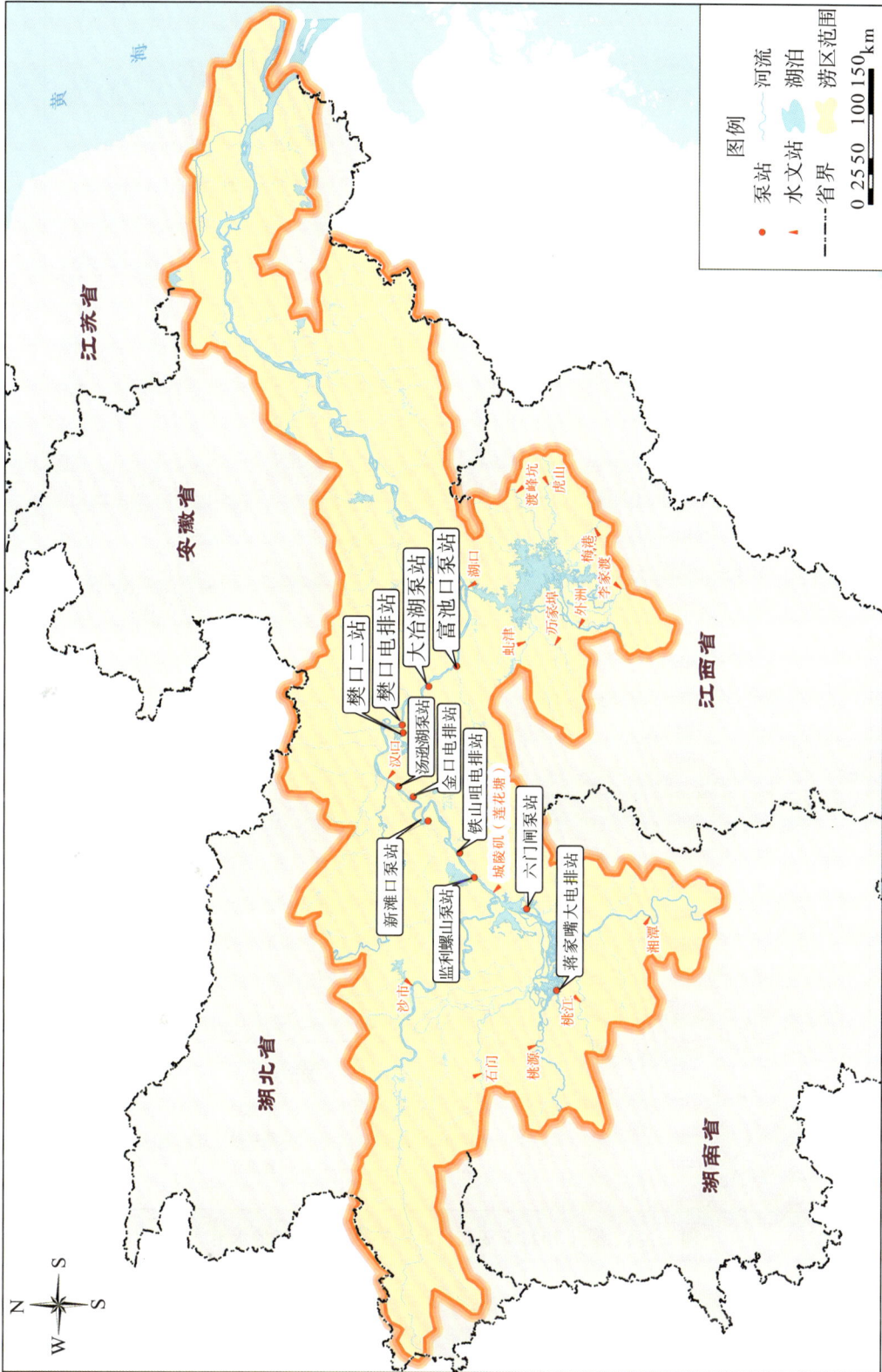

图2.3-3　纳入2023年长江流域水工程联合调度的排涝泵站

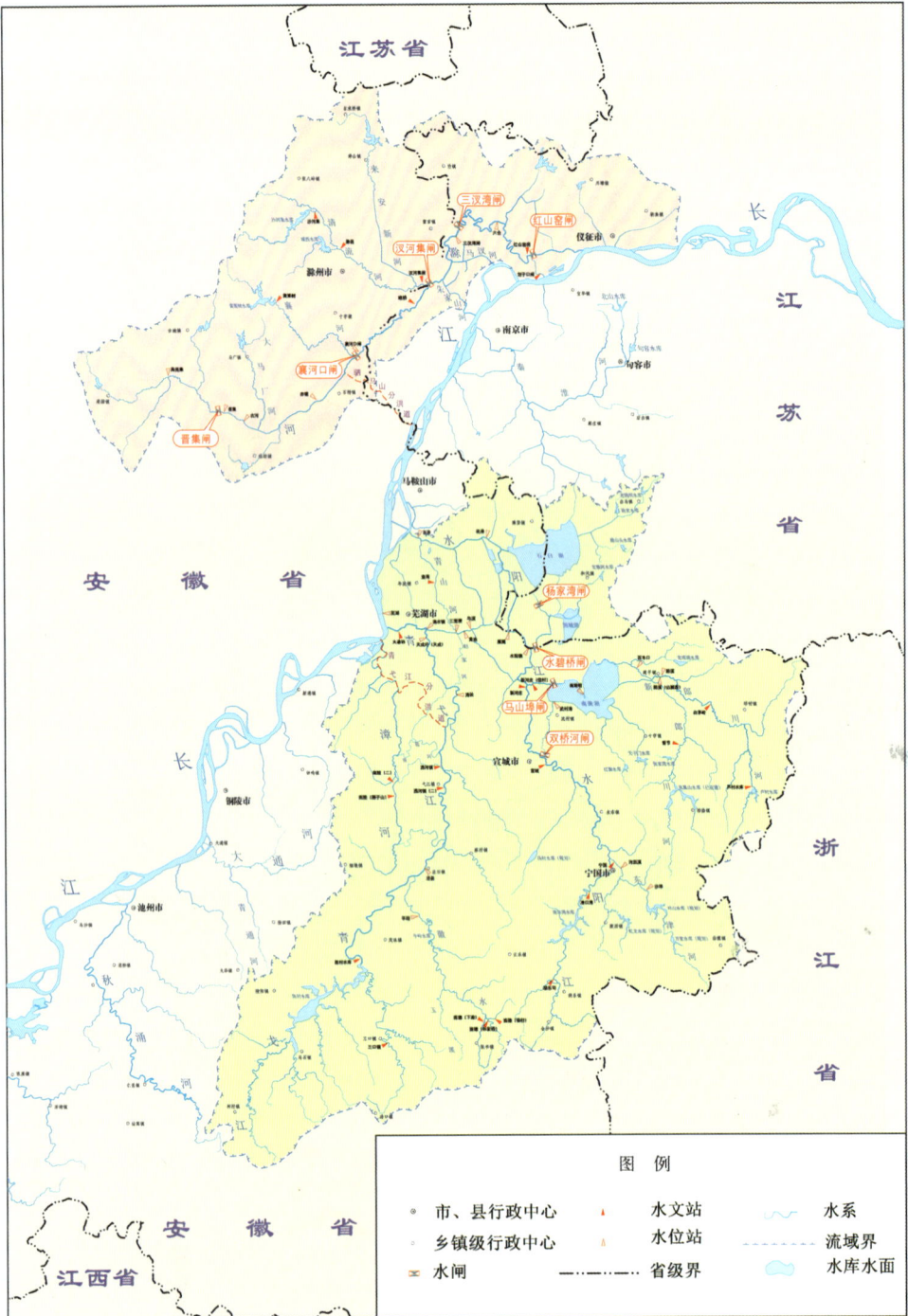

图 2.3-4　纳入 2023 年长江流域水工程联合调度的水闸

图 2.3-5　纳入 2023 年长江流域水工程联合调度的引调水工程

1）消落调度

2023 年 6 月 10 日,长江流域纳入联合调度的控制性水库,共腾出正常蓄水位以下约 870 亿 m³ 库容,可用于调蓄洪水,较设计防洪库容多 165 亿 m³,总体完成年度消落任务。综合考虑 2023 年主汛期旱重于涝的趋势预测,以及水库群可调蓄洪水库容大、中下游干流及两湖水位偏低等情况,为应对可能发生的旱情和支持电网迎峰度夏,优化三峡、金沙江中游梯级、金沙江下游梯级和乌江梯级水库群消落,调度相关水库,在汛限水位以上留存了 30 多亿 m³ 水量以提前做好水资源储备。

2)防洪调度

强化流域水工程统一联合调度,成功应对了重庆綦江、江西乐安河等支流编号洪水;科学调度减轻台风"杜苏芮"对长江流域影响;有序应对金沙江上游直门达站超历史实测记录洪水和 8 月下旬全流域自上而下强降雨过程,共计拦蓄洪量约 18.38 亿 m³,避免 10 余个城镇淹没和人员转移。

积极做好汉江秋汛防御工作,先后发出 17 道调度令精细调整丹江口水库下泄流量,会同陕西、湖北、河南等省水利厅科学联合调度石泉、安康、潘口、三里坪、鸭河口等干支流控制性水库拦洪削峰错峰,两次编号洪水期间共拦洪 17.5 亿 m³,其中丹江口水库拦洪 13.1 亿 m³,削峰率分别为 40% 和 52%,将皇庄站洪峰流量从 20000m³/s 降低至 13900m³/s,有效降低了汉江中下游主要控制站的最高水位,最大降幅 0.8～1.5m,避免了汉江仙桃至汉川河段超保证水位及杜家台蓄滞洪区分洪道分流,缩短了主要控制站水位超警戒时间 5～10 天,大大减轻了汉江中下游防洪压力,避免了分洪道运用的经济损失,保障汉江流域防洪安全。

3)蓄水调度

统筹考虑供水、发电、航运等多方用水需求,及时指导中下游各地在保证防洪安全的前提下蓄水保水。按照长江防总联合会商会制定的蓄水目标和计划,调度丹江口水库 10 月 12 日蓄至正常蓄水位 170m,丹江口大坝加高后继 2021 年以来第 2 次蓄满,为确保南水北调中线工程和汉江中下游供水安全奠定了坚实基础。

组织编制并报水利部批复《三峡水库蓄水方案》,根据水雨情变化动态优化三峡水库蓄水进程,三峡水库蓄水期平均下泄流量 14800m³/s,10 月 20 日蓄至正常蓄水位 175m,第 13 年完成蓄满目标;53 座控制性水库汛末最大蓄水量达 1069 亿 m³,首次超过 1000 亿 m³,其中上游 29 座控制性水库蓄水量 659 亿 m³,均创历史新高。流域内各省(自治区、直辖市)湖库蓄水情况均好于 2022 年,保障了冬、春季用水。

4)供水调度

2022 年 11 月至 2023 年 4 月,长江流域来水持续偏枯,电站发电和中下游供水、航运需水较大,长江委统筹多方需求,调度雅砻江梯级、金沙江下游梯级和瀑布沟、亭子口等控制性水库群有序消落,上游水库群累计向中下游补水 345 亿 m³,三峡水库最小下泄流量保持在 6700m³/s 以上,水库补水抬高中下游水位 0.5～4.0m,三峡水库水位保持在 155m 以上,有效保障了武汉、荆州等沿江城市供水和通航水深,确保了沿江供水、航运、生态安全。南水北调中线一期工程 2022—2023 年累计调水 74.11 亿 m³,通水以来累计向北方供水 610 亿 m³。

5)生态调度

克服流域来水偏枯和上游控制性水库蓄水偏少的困难,结合水库消落,调度三峡、白鹤滩、溪洛渡、丹江口等水库开展了 13 次、4 类生态调度试验,取得了良好效果。三峡水库自 5 月初逐步加大下泄流量至 10000m³/s 以上,并在 5 月底结合生态调度逐步加大至 18000m³/s,抬高沙市站水位超过 5.5m。6 月初,断流超过 9 个月的荆南三口虎渡河、藕池河东支恢复通流,解决了荆江河段、荆南三口地区水稻插秧用水难问题。两次三峡水库促进坝下游产漂流性卵鱼类自然繁殖的生态调度试验期间,宜都和沙市断面鱼类总产卵量分别达 310 亿粒和 461 亿粒,监利断面鱼苗净流量达 397 亿尾,"四大家鱼"产卵和鱼苗占比逐步提高,调度期"四大家鱼"产卵规模占整个繁殖期的 86%,创历史新高,并发现了鳡等珍稀鱼类产卵。总体上,"四大家鱼"自然繁殖恢复到 20 世纪 80 年代的水平。

第3章　长江流域水资源综合利用与保护

2023 年,联盟成员单位深入推进实施国家节水行动,建立健全长江流域水资源刚性约束指标体系,强化落实最严格水资源管理制度考核,实现长江流域丰水地区创新水权交易零的突破,全面完成跨省江河流域水量分配,遵循《国家水网建设规划纲要》目标任务要求,加速推进引江补汉、引江济淮、引汉济渭等重大工程建设,优化确立生态流量监管工作机制,有序开展饮用水水源地保护和地下水保护工作,全力推进流域水资源综合利用与保护工作向纵深迈进。

3.1　水资源配置

3.1.1　水资源节约集约利用

2023 年,长江流域各省(自治区、直辖市)以国家节水行动为统领,强化水资源刚性约束,从严从细管好长江水资源,助推流域经济发展方式和生活方式转变,为进一步推动长江经济带高质量发展、全面推进中国式现代化提供有力的水资源支撑和水安全保障。

深入推进实施国家节水行动,标杆引领激发节水内生动力,加强江西、湖北、湖南、重庆、四川、西藏等 6 个省(自治区、直辖市)的 85 个县区县域节水型社会达标建设指导,69 个县区获第六批水利部达标县区名录公告,持续推进非常规水源纳入水资源统一配置工作,摸清流域再生水配置利用情况,完成长江流域内 4 个省(自治区、直辖市)11 个再生水利用配置试点城市中期评估。严格节水标准执行应用,组织完成重庆市、四川省用水定额评估,开展江西省农业用水定额、重庆市第一产业用水定额等省级用水定额发布前评估审核。全面落实节水评价制度,完成节水评价审查 27 项,严把水资源开发利用入口关。全面强化用水过程监管,组织开展江西、湖北、湖南、重庆、四川、贵州、西藏等 7 省(自治区、直辖市)年度节约用水监督检查,现场检查 47 个水行政主管部门、140 家用水单位,指导推进长江经济带 1 万 m^3 以上工业和服务业用水单位计划用水管理覆盖,18 万余家用水单位纳入计划用水管理。持续开展重点监控用水单位节水管理,271 家用水单位接入长江委重点监控用水单位监管系统。

完成长江流域及西南诸河 20 省(自治区、直辖市)年度用水总量核算成果复核,完成年度跨省江河流域水量分配目标考核。积极推进水资源管理与调配业务系统建设,2023 年长江流域 807 个已建重点大型灌区渠首、33 个重要引调水工程在线监测率达 100%,11016 个规模以上非农取水口在线监测率达 95% 以上,监测年取水量超 1500 亿 m^3。2023 年 8 月,长江委印发《关于国能神华九江电厂二期扩建工程取水申请的行政许可决定》,同意该公司从长江取水,并通过与湖口县马迹岭水库管理站进行水权交易获得用水指标。这是长江委首例涉及水权交易的取水许可,为长江流域丰水地区创新水权交易作出了有益探索。

3.1.2　主要跨省江河水量分配

2023 年,滁河流域、长江干流宜宾至宜昌河段、长江干流宜昌至河口河段等 3 条跨省河流水量分配方案获得批复。至此,长江流域 23 条跨省江河流域水量分配方案已全部获得水利部批复(其中金沙江流域、长江干流宜宾至宜昌河段、长江干流宜昌至河口河段水量分配方案由国家发改委、水利部联合批复),确定流域 1874.76 亿 m^3 的地表水分配水量和 225 个控制断面下泄流量(水量、水位)指标,确立了流域重要跨省河流的初始水权。

3.1.3　主要跨省江河水资源调度

2023 年,水利部印发《金沙江流域 2023 年度水量调度计划》和《引江济淮工程水资源调度方案(试行)》,汉江、嘉陵江、乌江、沅江、牛栏江、金沙江 6 条河流年度水量调度计划和岷江、沱江、赤水河 3 条河流年度水量分配方案印发实施。建立并完善 85 条跨省河流和重点湖泊生态流量"日预警、周处置、月通报、年考核"监管工作体系,完成金沙江、雅砻江、大渡河、嘉陵江、汉江、龙感湖 6 条跨省河湖 36 个已建水利水电工程生态流量核定与保障先行先试。实施金沙江、汉江等 9 条跨省河流年度水量调度管理,将生态流量和调度预警机制纳入年度水量调度计划,强化区域用水总量和断面下泄流量管理。编制并印发实施《滇中引水工程通水前昆明主城区应急供水启动条件(试行)》,实施牛栏江滇池补水工程应急调度,有效保障昆明城市供水安全和滇池水质安全。

精准实施南水北调中线一期工程水量调度,编制《南水北调中线一期工程2023—2024年度可调水量报告》、年度水量调度计划,建立水量调度月度会商工作机制,滚动会商研判,及时批复《丹江口水库月(旬)供水计划》,精准实施供水调度,视机实施华北地区河湖生态补水。陶岔渠首2022—2023年供水74.11亿m³,受水区生态补水5.52亿m³,超额完成年度任务。截至2023年12月底,陶岔渠首累计供水突破610亿m³,受益人口超1.08亿人。

3.2 国家水网工程建设

3.2.1 重大引调水工程

加快构建国家水网,建设现代化高质量水利基础设施网络,统筹解决水资源、水生态、水环境、水灾害问题,是以习近平同志为核心的党中央作出的重大战略部署。2023年5月,中共中央、国务院出台的《国家水网建设规划纲要》,作为当前和今后一个时期国家水网建设的重要指导性文件,为长江流域主动融入国家水网建设大局提供了明确指引。

2023年,长江流域沿江省(直辖市)水网加速织密,湖北、江西、云南、西藏等16个省(自治区、直辖市)省级水网建设规划通过审核,江苏省宿迁市、湖南省娄底市入选全国第一批市级水网先导区,湖北省天门市入选全国第一批县级水网先导区。一批重大引调水工程迎来关键节点,《引江补汉工程初步设计报告》获水利部批复,引江济淮一期工程全线通航,引汉济渭工程成功实现先期通水,渝西水资源配置等在建重大引调水工程建设进展顺利,白龙江引水工程项目获得环评批复,引大济岷工程获得规划环评批复。川渝东北一体化水资源配置工程、衡邵娄干旱走廊北部地区水资源配置工程等大型水资源配置工程前期工作紧密开展。

(1)引江补汉工程

引江补汉工程是南水北调后续工程的首个开工项目,是全面推进南水北调后续工程高质量发展、加快构建国家水网主骨架和大动脉的重要标志性工程。该工程建成后,南水北调中线一期工程多年平均调水规模将从95亿m³增加至115.1亿m³,同时可向引江补汉工程输水沿线补水3亿m³,并向汉江中下游补水6.1亿m³,为华北地区和汉江中下游流域提供更好的水源保障。

2023年9月,《引江补汉工程初步设计报告》获水利部批复,进入主体工程全面开工建设阶段。

（2）引江济淮工程

引江济淮工程是一项以城乡供水和发展江淮航运为主,结合灌溉补水和改善巢湖及淮河水生态环境为主要任务的大型跨流域调水工程。引江济淮工程沟通长江、淮河两大流域,穿越皖江城市带、合肥都市圈、淮河生态经济带和中原城市群四大发展战略区域,供水范围覆盖了安徽和河南两省。工程自南向北分为引江济巢、江淮沟通、江水北送三段,输水线路总长 723km,其中新开河渠 88.7km,利用现有河湖311.6km,疏浚扩挖 215.6km,压力管道 107.1km。其中,引江济淮一期工程是国务院要求加快推进的 172 项节水供水重大水利工程之一,于 2016 年 12 月开工,2023 年全线通航。引江济淮二期工程是国务院确定重点推进的 150 项重大水利工程之一,涉及合肥、蚌埠、淮南、淮北、安庆、阜阳、宿州、滁州、亳州 9 市 32 个县(市、区)。引江济淮二期工程是在引江济淮一期工程的基础上,以城乡供水为主,结合灌溉补水,为区域应对供水安全风险、改善生态环境创造条件。

2023 年 8 月,《引江济淮二期工程(水利部分)初步设计报告》获得水利部批复。9月,引江济淮一期工程全线通航。

（3）引汉济渭工程

引汉济渭工程从陕南汉江流域调水至关中渭河流域,解决西安、咸阳、渭南、杨凌等 4 个重点城市,西咸新区 5 个新城,渭河两岸长安区、临潼区、兴平市、富平县等 11个县城以及渭北工业园区生活与工业用水需求,受水区域总面积 1.4 万 km²,受益人口 1411 万人,可支撑受水区内 1.1 万亿元 GDP,新增 500 万人口规模的城市用水。

2023 年 5 月,引汉济渭工程全长 98.3km 的秦岭输水隧洞主体工程完工。7 月 9日,引汉济渭工程主要调水水源——黄金峡水利枢纽工程正式下闸蓄水,标志着引汉济渭工程一期调水工程完工。7 月 16 日,引汉济渭工程正式向西安通水。

3.2.2　防洪减灾工程

长江流域防洪规划修编有序推进,完成洞庭湖"四口"水系综合整治工程可研阶段工程总体方案咨询。鄱阳湖康山、珠湖、黄湖、方洲斜塘 4 处国家级蓄滞洪区安全建设工程开工建设,建成后将共同承担分蓄长江 25 亿 m³ 超额洪量的任务。长江安庆河段治理、陆水水库除险加固等工程开工建设。

（1）长江安庆河段治理工程

长江安庆河段治理工程是国务院确定重点推进的 150 项重大水利工程之一,

2023年11月开工建设。治理河段涉及安庆市望江县、大观区、迎江区和池州市东至县,长度16.18km。按照防御长江1954年洪水标准,工程对主流顶冲、堤外无滩或滩地较窄段及河势控制节点段的已建护岸工程险工险段进行加固,对近期发生明显崩岸的河段新建防护工程,以维护岸坡及河势稳定,保障防洪安全、航道稳定和相关设施的正常使用。

(2)陆水水库除险加固工程

陆水水利枢纽是三峡水利枢纽的试验坝,位于湖北省赤壁市陆水河干流上。1958年10月开工,1988年4月竣工验收,先后开展了200多项科学试验。水库总库容7.42亿m³,控制流域面积3400km²,是一座以防洪为主,兼有灌溉、发电、城市供水、航运、养殖、旅游和水利科学试验任务的大(2)型枢纽。2023年2月,陆水水库除险加固工程被国家发改委正式批准立项。11月,水利部印发《陆水水库除险加固工程初步设计报告准予行政许可证决定书》。12月,陆水水库除险加固工程开工建设。

(3)安徽省长江芜湖河段整治工程

安徽省长江芜湖河段整治工程是国务院确定重点推进的150项重大水利工程之一。工程治理河段上起芜湖市繁昌区庆大圩,下至大拐,河道全长51.8km,总投资10.92亿元(图3.2-1)。该工程以提高堤防工程的防洪能力、稳定河势、治理崩岸为整治目标,主要建设内容包括:对长江芜湖河段南岸的庆大圩、芦南圩、荷花圩进行达标加固,加固堤防总长12.085km;拆除重建江陡门、黄鳝陡门、南圩陡门、北圩陡门、低涵、东大闸等6座穿堤排涝建筑物;建设神塘圩段、永定大圩段、伍显殿段、下拐段等4段护岸工程,总长27.205km。自2022年6月该项目进入实施阶段,至2023年底,工程已全线开工,其中下拐段护岸工程已完工验收。

(4)长江干流江西段崩岸应急治理工程

长江干流江西段崩岸应急治理工程是国务院要求加快推进的172项节水供水重大水利工程中的江河湖泊治理骨干工程之一,并列入国务院确定重点推进的150项重大水利工程之一(图3.2-2)。工程治理崩岸段17段,护岸总长65.4km,涉及九江瑞昌、柴桑等沿江7县(市、区)。工程的主要任务是消除江岸坍塌险情,维护岸线河势基本稳定,保障长江干流江西段沿岸防洪安全。概算总投资13.45亿元,总工期24个月。该项目于2021年11月12日开工建设,2022—2023年,实施长江干流江西段(湖口以下河段)崩岸应急治理工程17.2km,2023年7月完工。该工程实施完成后,将与长江干堤已建护岸工程构成完整的防洪工程体系,为江西筑起牢固的防洪安全屏障。

神塘圩段护岸工程：治理长度10775m
新建水下护脚7775m，加固水下护脚700m
新建水上护坡7775m，加固水上护坡3000m

STW10+775

STW0+000

伍显殿段护岸工程：治理长度9400m
新建水下护脚4190m，加固水下护脚5020m
新建水上护坡2980m，加固水上护坡6420m

YDDW0-160
YDDW1+000
YDDW1+440
YDDW2+390

WXD0+000
WXD5+670
WXD5+930
WXD9+660

XG0+000
XG4+920

永定大圩段护岸工程：治理长度2110m
新建水下护脚2110m
新建水上护坡2070m

芦南圩堤防
加固长度5.61km

荷花圩堤防
加固长度1.62km

庆大圩堤防加固长度4.36km
黄浒河入江堤防加固长度0.50km

下拐段护岸工程：治理长度4920m
新建水下护脚4920m
新建水上护坡1725m，
加固水上护坡340m

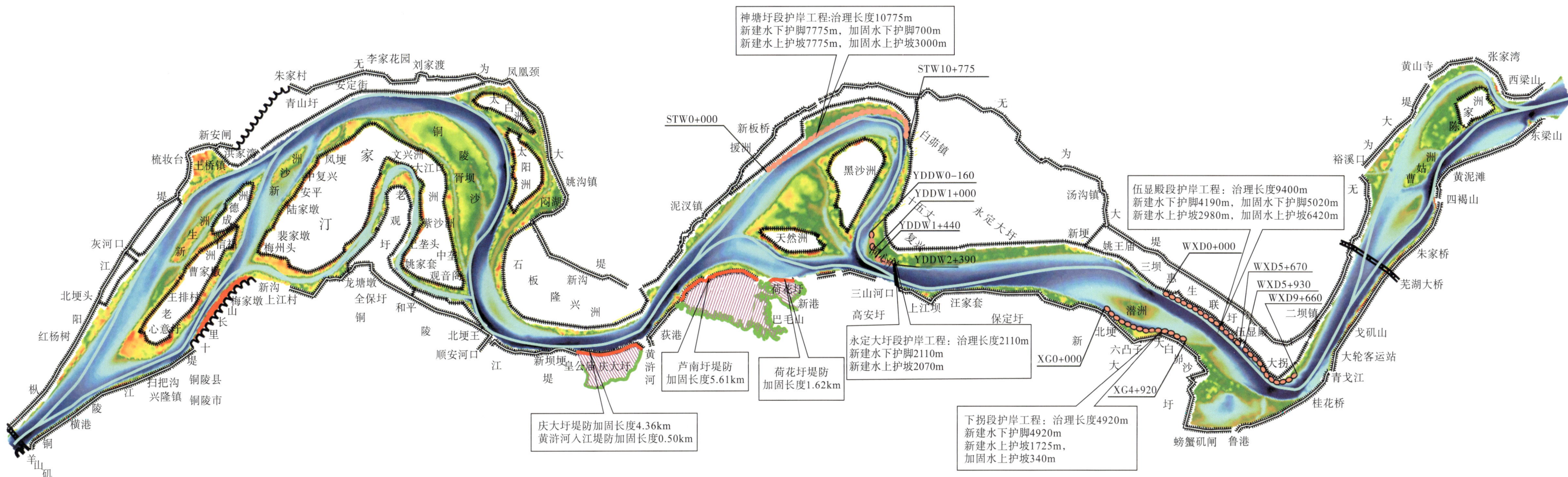

图3.2-1 安徽省长江芜湖河段整治工程布置

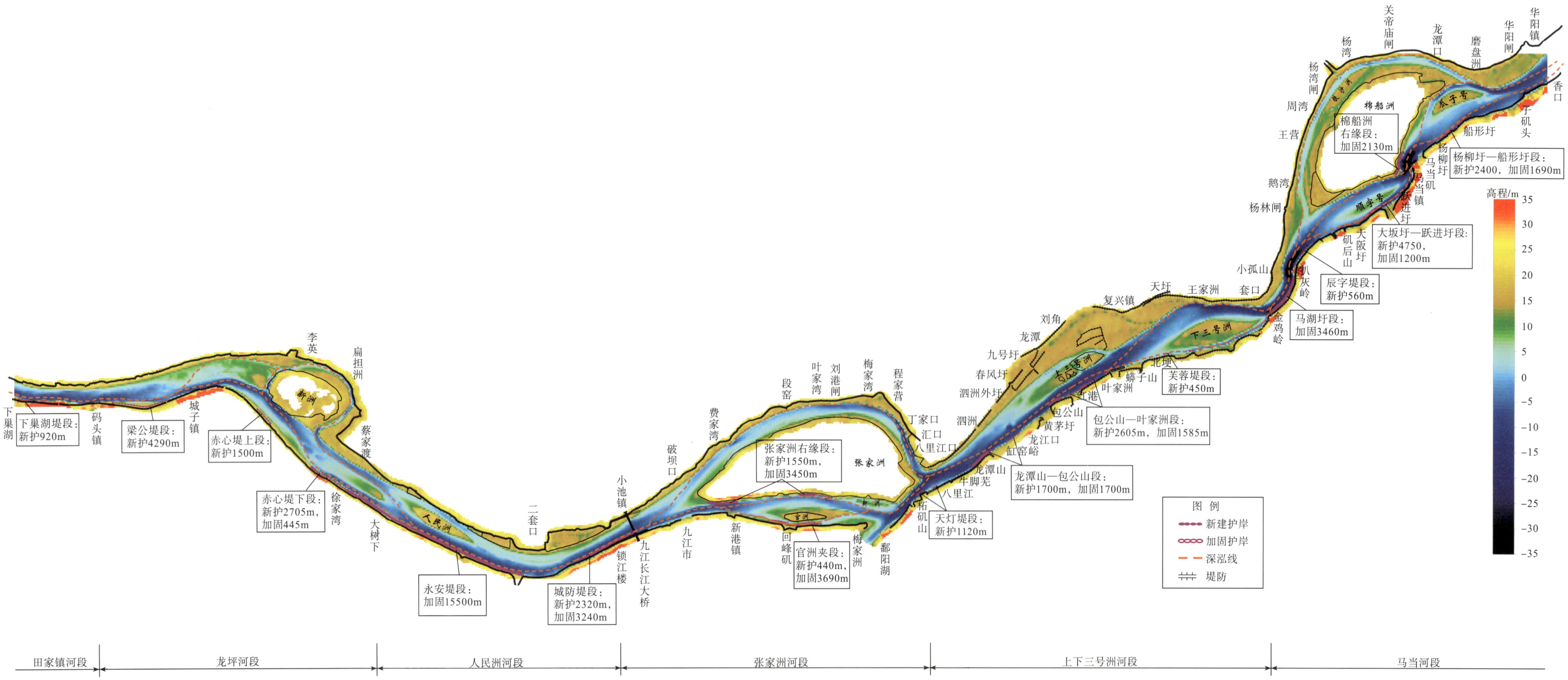

图3.2-2 江西崩岸应急治理工程布置

(5)三峡后续工作长江中下游影响处理范畴的河道整治工程

随着《三峡后续工作总体规划》拟定的治理项目逐步实施,一定程度缓解了长江中下游河势及岸坡受到的不利影响。近年来,长江中下游河道冲刷仍呈现从上到下逐步发展的态势,不同程度地暴露了河道崩岸依然威胁河势稳定与防洪安全,需要进一步加强整治。为此,2022 年 10 月水利部印发的《三峡后续工作规划"十四五"实施方案》要求,加强对受三峡水库蓄水运行影响的长江中下游影响区处理,维护堤防安全和河势稳定。2022—2023 年在建的三峡后续工作长江中下游影响处理范畴的河道整治工程有湖北宜昌段河道整治工程、湖北鄂州段三期河道整治工程、湖北黄冈段三期河道整治工程、湖北黄石段河道整治工程、湖北荆州段二期河道整治工程和湖南段三期河道整治工程。具体整治工程如下:

1)湖北宜昌段河道整治工程

三峡后续工作长江中下游影响处理湖北宜昌段二期河道整治工程位于宜昌至枝城河段和荆江河段内,护岸总长 60805m,其中新建护岸工程 53405m,加固护岸工程 7400m,新建护坡工程 44960m。2022—2023 年,实施点军段、白洋段和枝江段共计 22780m 护岸工程,工程已完成了分部工程验收。

三峡后续工作长江中下游影响处理湖北宜昌段三期河道整治工程共布置 7 段护岸工程,护岸总长 5980m,其中护坡工程长 4000m,护脚工程长 5980m。该项目于 2023 年 11 月 2 日由宜昌市发展和改革委员会立项审批,12 月 20 日湖北省水利厅对初步设计进行了批复,工程总投资 10452.58 万元。该项目计划于 2024 年 4 月开工,2025 年 6 月完工。

2)湖北鄂州段三期河道整治工程

三峡后续工作长江中下游影响处理湖北鄂州段三期河道整治工程位于叶家洲河段和鄂黄河段内,共布置 3 段护岸工程,护岸工程总长 3600m,其中新建水上护坡 3435m,新建水下护脚 3600m。该项目于 2023 年 6 月 19 日由鄂州市发展和改革委员会立项审批,10 月 13 日湖北省水利厅对初步设计进行了批复,工程总投资 7793.94 万元。该项目已于 2023 年 11 月 8 日开工建设,计划 2025 年 6 月完工。

3)湖北黄冈段三期河道整治工程

三峡后续工作长江中下游影响处理湖北黄冈段三期河道整治工程总长 9660m。水上护坡工程长 9660m(新建护坡长 8410m,加固护坡长 1250m);水下护脚工程长 9660m(新建护脚长 7910m,加固护脚长 1750m)。自 2023 年 11 月以来,该项目进入了全面实施阶段。

4)湖北黄石段河道整治工程

三峡后续工作长江中下游影响处理湖北黄石段河道整治工程包括 7 段护岸工程,工程总长为 7460m。其中,新护段长 4045m,加固段长 3415m。2023 年 6 月,湖北省水利厅对初步设计予以批复,工程总投资估算为 14362.68 万元。该项目拟于 2024 年 1 月 18 日开工建设,工程建设总工期为 12 个月。

5)湖北荆州段二期河道整治工程

三峡后续工作长江中下游影响处理湖北荆州段二期期河道整治工程长江干流部分总长 95090m。其中,新建护坡工程长 26580m,水上整修护坡工程长 42965m;水下新护段长 25360m,水下加固段长 69020m。该项目于 2018 年 4 月开始实施,至 2023 年底完成 68400m 护岸工程,其中 2023 年实施 19450m。

6)湖南段三期河道整治工程

三峡后续工作长江中下游影响处理湖南段三期河道整治工程总长 12.685km。其中,加固工程段总长 5.50km,新护岸工程段总长 7.185km。2023 年 4 月该项目开工建设,2023 年实施了全部水下工程及大部分水上护坡工程。2024 年主体工程完工。

3.2.3 灌溉节水和供水工程

2023 年,平江灌区工程、浮桥河灌区新(扩)建工程开工建设,《重庆市向阳水库工程初步设计报告》获水利部批复,湖北省姚家平水库、安徽省凤凰山水库、重庆市藻渡水库顺利开工。

(1)平江灌区工程

2023 年 12 月,江西省平江灌区工程开工建设。该工程是水利部 2023 年重点推进的重大水利工程之一,位于赣州市西北部,属赣江支流平江流域,涉及兴国县和赣县区 2 个县(区)的 26 个乡镇,设计灌溉面积 59 万亩,其中,新增灌溉面积 20.3 万亩(1 亩≈0.067hm²)、改善灌溉面积 21.5 万亩、保灌面积 17.2 万亩。工程主要建设内容:新建水源水库 2 座(中型 1 座,小(1)型 1 座),新建泵站 12 座,新(扩)建输水骨干渠(管)道 53 条,总长 317km;建设田间工程 20.5 万亩;建设智慧灌区工程 1 项。

(2)浮桥河灌区新(扩)建工程

浮桥河灌区工程位于长江中游北岸,地跨湖北省麻城市、新洲区的 9 个乡镇 109 个行政村,是以浮桥河水库为主要水源,蓄、引、提相结合的大型灌区。灌区范围内土地总面积 99.75 万亩,耕地面积 40.73 万亩,设计灌溉面积 31.96 万亩,现有东、西两条干渠,渠道总长 254km。浮桥河灌区新(扩)建工程包括新建、拆除重建及加固渠系建筑物 1264 处,改善灌溉面积 25.23 万亩,新增或恢复灌溉面积 6.73 万亩。通过对灌区内的渠道防渗衬砌、田间节水改造,可使灌区的渠系水利用系数提高到 0.63,灌溉水利用系数由现状的 0.45 提高到 0.58,灌溉保证率达到 84%,农业灌溉用水总量控制在 12930 万 m^3,农业年节水 4242 万 m^3。该工程于 2023 年 4 月 20 日正式开工建设。

(3)向阳水库工程

向阳水库位于重庆市云阳县汤溪河一级支流团滩河上,是一座以城乡供水和农业灌溉为主,结合防洪,兼顾发电的大(2)型水库,是重庆市拟建的重点水源工程之一。工程由水源工程和输水工程两大部分组成。水源工程包括大坝、溢洪道、放空建筑物、引水发电建筑物、过鱼建筑物等,大坝为沥青混凝土心墙堆石坝。输水工程由 1 条总干管、3 条供水干管、5 条灌溉支管等组成。水库总库容 1.08 亿 m^3,正常蓄水位 456m,最大坝高 138m,电站总装机容量 4.2MW,年引水量 0.78 亿 m^3,灌溉面积 6.78 万亩。

2023 年 11 月,水利部印发了《重庆市向阳水库工程初步设计报告》准予行政许可决定书,标志着向阳水库工程初步设计阶段工作圆满完成,全面进入招标及施工阶段。

(4)姚家平水库工程

姚家平水库工程是国务院确定重点推进的 150 项重大水利工程之一,是水利部、湖北省 2023 年重点推进的重大水利工程。该工程是清江流域上的控制性关键性工程,坝址位于恩施市屯堡乡马者村,坝顶高程 750m,最大坝高 175m,上游坝顶弧长 482.52m,是世界上最高的碾压混凝土双曲拱坝。水库设计洪水位 748.3m,正常蓄水位 745m,汛期防洪限制水位 729m,死水位 715m,防洪库容 1.1 亿 m^3。工程建成后,与下游已建的大龙潭水库联合运行,可有效控制洪水、削减洪峰,将恩施市城区的防洪标准提高到 50 年一遇,还可利用水能资源进行发电,向电网提供清洁能源,水电站装机容量 18.4 万 kW,多年平均年发电量 5.13 亿 kW·h,多年平均发电效益约 2 亿元。该工程于 2023 年 1 月 31 日开工建设。

(5)凤凰山水库工程

凤凰山水库工程位于安徽省宣城市广德市,是一座以防洪为主,结合灌溉、供水和生态环境改善,兼顾发电等综合利用的大(2)型水库,大坝坝型为混凝土重力坝,最大坝高 33.5m,坝长 618.8m。水库控制流域面积 540.3km²,总库容 1.45 亿 m³,水电站装机容量 800kW。工程建成后,通过科学调度凤凰山水库"拦、蓄、泄、滞",可实现郎溪县南丰圩防洪标准由 20 年一遇提高至 50 年一遇,能有效减轻南漪湖、水阳江的防洪压力。该工程于 2023 年 2 月正式开工建设。

(6)藻渡水库工程

藻渡水库是国务院确定重点推进的 150 项重大水利工程之一,是渝黔合作共商共建重大项目。该项目位于长江支流綦江的右岸支流藻渡河下游,坝址位于綦江区赶水镇境内,距离藻渡河口约 1.2km,距离重庆中心城区 80km。工程的开发任务为防洪、供水、灌溉,兼顾发电。工程由水源工程和输水工程组成,水源工程大坝为混凝土面板堆石坝,最大坝高 104.5m,水库正常蓄水位 375m,设计洪水位 376m,汛期限制水位 366.8m,总库容 2.01 亿 m³;输水工程由总干渠、左干渠、右干渠组成,输水干渠线路总长 94.24km。藻渡水库主体工程于 2023 年 5 月顺利开工。

3.3 水力发电

3.3.1 水力资源概况

长江流域水量丰沛,天然总落差约 5400m,蕴藏着丰富的水力资源。上游支流雅砻江、大渡河、岷江、嘉陵江、乌江等河流的落差达 2000～4000m。根据最新的水力资源复查成果,长江流域水力资源理论蕴藏量 3.05 亿 kW,多年平均年发电量 2.67 万亿 kW·h,技术可开发水电站 23067 座,其中大型 107 座,中型 357 座,小型 22603 座,总装机容量 2.81 亿 kW,多年平均年发电量 1.30 万亿 kW·h,约占全国的一半。

3.3.2 水力资源开发现状

截至 2023 年,长江流域已建、在建水电站(单站装机容量 500kW 以上,不含抽水蓄能电站)约 1 万座,总装机容量 2.3694 亿 kW,多年平均年发电量 0.9388 万亿 kW·h,发电量约为流域技术可开发量的 71.2%,占理论蕴藏量的 34.6%。其中,大型水电站(30 万 kW 及以上)89 座,总装机容量 17141 万 kW,多年平均年发电量约 6885 亿 kW·h;中型水电站 305 座,总装机容量 3369 万 kW,多年平均年发电量约 1306 亿 kW·h;小型水电站(5 万 kW 以下)装机容量 3184 万 kW,多年平均年发电量约 1197 亿 kW·h。

长江干流(包括金沙江)已建、在建水电站 19 座,全部为大型水电站,总装机容量

9499.5 万 kW,占全流域的 40.0%。其中,长江干流 2 座,分别为三峡、葛洲坝,总装机容量 2523.5 万 kW;金沙江上游 5 座,分别为叶巴滩、拉哇、巴塘、苏洼龙、旭龙,总装机容量 859 万 kW;金沙江中游 8 座,分别为梨园、阿海、金安桥、龙开口、鲁地拉、观音岩、金沙、银江,总装机容量 1471 万 kW;金沙江下游 4 座,分别为乌东德、白鹤滩、溪洛渡、向家坝,总装机容量 4646 万 kW。金沙江、雅江、大渡河是长江流域重要的水电基地,现状开发利用率约为 80%;长江上游水电基地、乌江水电基地、湘西水电基地等已基本开发完毕,只余少量开发条件较差的水力资源。

3.3.3　水电站建设进展

截至 2023 年底,长江流域在建及新开工的大中型水电站有 26 座,总装机容量 1960.28 万 kW(表 3.3-1)。

表 3.3-1　　　　长江流域在建及新开工的大中型水电站(截至 2023 年底)

序号	所在水系	电站名称	装机容量/万 kW	建设性质
1	金沙江	叶巴滩	224.00	在建
2	金沙江	拉哇	200.00	在建
3	金沙江	巴塘	75.00	在建
4	金沙江	古瓦	20.54	在建
5	金沙江	银江	39.00	在建
6	金沙江	旭龙	240.00	在建
7	雅砻江	孟底沟	240.00	在建
8	雅砻江	卡拉	102.00	在建
9	大渡河	巴拉	74.60	在建
10	大渡河	绰斯甲	39.20	在建
11	大渡河	双江口	200.00	在建
12	大渡河	金川	86.00	在建
13	大渡河	硬梁包	120.00	在建
14	大渡河	枕头坝二级	30.00	在建
15	岷江干流	尖子山航电枢纽	6.90	在建
16	岷江干流	汤坝航电枢纽	6.30	在建
17	岷江干流	虎渡溪航电工程	6.30	在建
18	岷江干流	老木孔航电枢纽	40.54	在建
19	岷江干流	犍为航电枢纽	50.00	在建

续表

序号	所在水系	电站名称	装机容量/万 kW	建设性质
20	岷江干流	龙溪口航电枢纽	48.00	在建
21	汉江	黄金峡	13.50	在建
22	汉江	旬阳	32.00	在建
23	汉江	白河(夹河)	18.00	在建
24	汉江	新集	12.00	在建
25	汉江	碾盘山	18.00	在建
26	清江	姚家平	18.40	新开工
合计			1960.28	

2023 年 3 月 30 日,大渡河枕头坝二级水电站成功实现围堰同步截流。枕头坝二级水电站是四川省"十四五"重点建设项目,以发电为主,兼顾供水;电站总装机容量为 30kW,多年平均年发电量超 15 亿 kW·h,预计 2025 年 12 月首台机组发电,2026 年全面完成工程建设。

2023 年 5 月,金沙江巴塘水电站通过下闸蓄水验收。2023 年 11 月初,巴塘水电站大坝工程蓄水阶段档案通过验收;11 月中旬,巴塘水电站工程顺利通过蓄水阶段水土保持设施验收。巴塘水电站以发电为主,为二等大(2)型工程。正常蓄水位为 2545m,总库容 1.41 亿 m³,电站总装机容量 75kW,多年平均年发电量 33.75 亿 kW·h。

2023 年 6 月,碾盘山水利水电枢纽工程一期蓄水达到 46m 高程;同年 6 月 26 日和 10 月 11 日,两台机组并网发电。该枢纽电站为径流式水电站,设计安装 6 台灯泡贯流式水轮发电机组,总装机容量 18 万 kW。工程建成投产后,多年平均年发电量 6.16 亿 kW·h,可改善航道 58km,改善库区沿江两岸 46.29 万亩耕地的灌溉条件,每年可提供 1 亿 m³ 城市供水,近 45 万人直接受益。

2023 年 7 月,黄金峡水利枢纽工程成功下闸蓄水,标志着引汉济渭工程一期调水工程完工,即将通水运行。2023 年 12 月 17 日,黄金峡水利枢纽电站首台机组正式启动试运行。电站总装机容量 13.5 万 kW,安装 3 台轴流转桨式水轮发电机组,多年平均年发电量为 4.6 亿 kW·h。

2023 年 11 月,金沙江上游旭龙水电站成功实现大江截流,标志着旭龙水电站全面进入主体工程施工阶段。旭龙水电站是国家西电东送的骨干电源点之一,工程开发任务主要为发电。电站总装机容量 240 万 kW,多年平均年发电量约 105.14 亿 kW·h。

电站建成后,每年可节约标准煤 317 万 t,减排二氧化碳 786 万 t。

3.4　水资源保护

3.4.1　河湖生态流量保障

（1）水利水电工程生态流量核定与保障先行先试

组织开展已建水利水电工程生态流量核定与保障先行先试工作。结合长江流域河湖生态流量管理实际和生态流量确定相关成果,综合考虑已建水利水电工程生态流量确定情况及其协调性、敏感生态保护对象分布及其生态需求、河湖生态环境现状等,梳理流域内有关水利水电工程生态流量保障存在的典型问题,选取金沙江、雅砻江、大渡河、嘉陵江、汉江、龙感湖等 6 条跨省河湖 36 个工程开展生态流量核定与保障先行先试,通过合理核定工程生态流量目标,明确生态流量调度管理措施,强化监测预警和监督管理,探索已建水利水电工程生态流量核定与保障工作模式、技术方法、协调机制和监管政策等,总结提炼形成可复制、可推广应用的工作成果和典型经验,为全面推进已建水利水电工程生态流量管理工作提供技术支撑和经验参考。

（2）强化跨省重点河湖生态流量监管与成效评估

持续强化长江流域跨省重点河湖生态流量日常监管。不断完善长江流域生态流量实时监管平台,对水利部已批复的长江流域跨省重点河湖、具备生态流量监测能力的 114 个主要控制断面开展实时监控、滚动预警。建立健全监管工作体系,通过预警短信即时通知相关监管责任人和保障责任人,协调相关省（自治区、直辖市）和工程运行管理单位开展预警处置和跟踪督办,及时会商处置水利水电工程检修或事故等特殊情况下生态流量不达标情况。创新推出"处置单"管理举措,每周一发送上周生态流量不达标断面处置单,建立月度评估通报制度,逐月向流域 19 个省（自治区、直辖市）水利（务）厅（局）通报生态流量不达标情况,督促有关省（自治区、直辖市）及时处置,完成 2023 年全国最严格水资源管理制度考核、长江流域水生态考核中有关生态流量考核工作。

持续开展长江流域重要控制断面生态流量监测预警。按月开展生态流量监测数据整编工作,并对 114 个主要控制断面预警统计结果进行复核汇总,逐月开展生态流量满足程度分析,并编制发布水资源节约与保护专题月报。2023 年,年度保障率为 97.5%,较 2022 年提高了 1.5%。

开展生态流量保障管理调研。针对生态流量保障目标存在不满足要求的情况和省界断面存在用水矛盾导致生态流量难以保障,上下游工程生态流量指标不协调、梯级联合调度难以实现导致下游生态流量得不到满足等问题,选取大渡河、硕曲河、酉水和溇水开展现场调研工作,重点了解水利水电工程调度规则和生态流量泄放设施、监控设施运行情况,深入了解工程及河流断面生态流量保障情况,并与水行政主管部门及水工程运行管理等单位进行座谈。通过调研工作,摸清了典型水工程生态流量保障及管理现状,发现了生态流量保障与监管方面的差距不足,研究提出相应的对策建议,有力提升河湖生态流量保障管理水平。

(3)推进流域生态流量标准体系规范建设

开展长江流域生态流量标准实施评估。2023年重点开展了生态流量监测预警相关标准在长江流域的实施应用情况评估。通过电话咨询、函调、实地调研等多种形式,了解现有生态流量监测预警相关标准在指导生态流量管理方面存在的问题,结合工作需求,进一步提出标准的编制修订、宣贯等建议。

3.4.2 饮用水水源地保护

2023年,扎实推进饮用水水源地安全保障达标评估、饮用水水源地名录管理等水源地保护工作,饮用水水源地水量有效保障、水质有效改善,强化了长江流域饮用水水源地安全保障。

(1)开展饮用水水源地安全保障达标评估

根据《水利部关于印发〈全国重要饮用水水源地名录(2016年)〉的通知》(水资源函〔2016〕383号),长江流域(片)列入《全国重要饮用水水源地名录(2016年)》的水源地221个,涉及西藏、云南、陕西、贵州、四川、重庆、河南、湖北、湖南、江西、安徽、江苏和上海等13省(自治区、直辖市),其中有17个水源地正在或已经按要求申请调整或退出《全国重要饮用水水源地名录(2016年)》,因此实际参与2023年长江流域(片)重要饮用水水源地安全保障达标评估的水源地共计204个。参评的204个重要饮用水水源地达标评估总体情况为优,平均得分97.7分,较2022年提高了3.1分。其中,等级评定为优的水源地有193个,占参评总数的94.6%;等级评定为良的水源地有10个,占参评总数的4.9%;等级评定为中的水源地有1个,占参评总数的0.5%。从评估结果来看,所有参评的重要饮用水水源地基本实现水量保障;取水口水质达标率稳步提升,水源保护区内入河排污口已基本整改完成,95.6%的水源地完成了一级保护区、二级保护区综合整治;92.6%的水源地具有水质水量在线监测设施;所有水源地均完成了饮用水水源地保护区划分工作并报省级人民政府批准实施;90.2%的水源地建立了水源地安全保障部门联动机制,实行了资源共享和重大事项会商制度。

选取云南、四川、湖北、江西、安徽和江苏等 6 个省,开展长江流域(片)59 个重要饮用水水源地安全达标建设工作进行现场调研(图 3.4-1)。从评估结果来看,总体情况为优,平均得分为 98.7 分,高于流域平均得分。同时,对其中 8 个水源地同步开展109 项地表水水质全指标监督性监测,评价结果反馈至相关省级水行政主管部门,督促对不达标的水质指标进行核实和治理。对现场调研复核发现的问题,印发问题清单,督促有关省做好饮用水水源地问题整改销号工作。

(a)太湖县花凉亭水库水源地　　　　　　　(b)宿松县二郎河水源地

(c)繁昌区芦南水厂长江饮用水水源地　　　　(d)长江委与安徽省水利厅座谈

图 3.4-1　安徽省长江流域重要饮用水水源地检查评估

(2)不断强化饮用水水源地名录管理

复核整理长江流域重要饮用水水源地基础信息,全面收集整理长江流域省级重要饮用水水源地,包括水源地取水口经纬度、供水目标城市、水源类型、水质目标,设计供水人口及供水量等,并将水源地基础信息纳入“长江水利一张图”水资源保护专题,依托信息化手段提升管理水平,进一步厘清各水源地协调互济的格局。

（3）完善三峡库区饮用水水源地安全保障评估及建设

按照水利部工作安排,在 2022 年的工作基础上进一步完善三峡库区饮用水水源地安全保障及建设研究。以三峡库区重庆市和湖北省 42 个县级以上饮用水水源地为研究对象,在已有评估体系的基础上,优化完善指标权重及评分标准,完成饮用水水源地安全保障状况评估。从评估结果来看,三峡库区饮用水水源地安全保障水平总体较好,30 个水源地安全等级为"Ⅰ级",占比 71%,12 个水源地安全等级为"Ⅱ级",占比 29%(图 3.4-2)。根据三峡库区饮用水水源地安全保障现状存在的问题,基于饮用水水源地生态环境特征,提出了生态隔离带建设、备用水源建设工程、保护区隔离防护工程、污染源防控整治工程、预警监控设施建设等 5 项水源地安全保障工程措施与水源地保护法律法规和制度建设、监控措施建设、管理措施建设等 3 项非工程措施建议。同时,构建了饮用水水源地安全保障信息数据库,升级完善了饮用水水源地安全保障评估系统,具备了水源地安全保障在线自评估功能,搭建了水源地信息系统平台,实现了水源地基础信息数字化、可视化。该研究成果可为支撑三峡库区水源地安全保障、守护好三峡水库一库清水、推动长江经济带高质量发展提供科学依据。

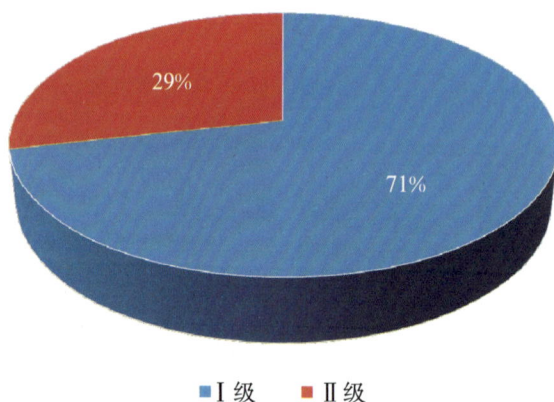

图 3.4-2　三峡库区饮用水水源地安全保障评估结果

3.4.3　地下水保护

2023 年,为贯彻落实《地下水管理条例》,加强地下水保护开发利用管理,保障地下水可持续利用,水利部、自然资源部研究制定了《地下水保护利用管理办法》,进一步完善了地下水管理政策体系,更加有利于形成地下水保护合力。

根据生态环境部继续开展 1912 个"十四五"国家地下水环境质量考核点位监测

和评价工作的有关要求,长江局组织开展西藏、四川、重庆、湖南、湖北、江西、浙江等7个省(自治区、直辖市)地下水考核点位监测工作。在378个监测点位中,按监测井的类型统计,饮用水水源点位44个,占比11.6%;污染风险监控点位90个,占比23.8%;区域点位244个,占比64.6%。2023年监测2次,在丰水期(7—8月)和枯水期(10月中旬至11月)分别开展,2023年共计获得监测数据4万余个。

按照水利部有关工作部署,开展新一轮全国地下水超采区划定工作,完成流域内19个省(自治区、直辖市)新一轮地下水超采区划定成果复核并汇总;配合开展长江流域有关省(自治区、直辖市)地下水管控指标核定,牵头负责的6个省(自治区、直辖市)地下水管控指标成果已经省级人民政府批复实施;梳理长江流域典型地区地下水管理中存在的问题,以问题为导向,开展典型地区省管站点的地下水情况调研与分析;按照水利部统一部署,推进长江流域(片)地下水国家监测工程(二期)规划工作。

第4章　长江流域航运发展

2023年，长江航运聚焦高质量发展，强化落实《加快建设交通强国五年行动计划（2023—2027年）》，坚持"145"高质量发展总体思路和"131"智慧长江建设路径，稳步推进基础设施网络建设，持续提升运输服务保障能力，有力推进航运物流保通保畅，深入推进创新驱动发展，持续提升安全应急保障水平，加快推动绿色低碳转型，有效服务区域重大战略和区域协调发展战略实施。

4.1　航运基础设施

4.1.1　航道建设和养护

（1）航道建设

长江干线朝天门至九龙坡河段航道整治工程、宜昌至昌门溪河段航道整治二期工程、三峡至葛洲坝两坝间莲沱河段航道整治工程、芜裕河段航道整治工程、长江口12.5m深水航道减淤工程南坝田挡沙堤加高完善工程等5个重点项目竣工验收，江心洲至乌江河段航道整治二期工程试运行，武汉至安庆河段6m水深航道整治工程、新洲至九江河段航道整治二期工程等完成建设期维护并申请竣工验收。朝天门至涪陵、涪陵至丰都河段航道整治工程加快实施，宜昌至武汉河段4.5m航道建设有序推进，荆江河段航道整治二期工程可行性研究通过国家发改委审查，土桥水道航道整治二期工程、黑沙洲水道航道整治工程可行性研究通过交通运输部审查，12.5m深水航道完善、南槽二期、贵池水道、太子矶、安庆水道等航道整治工程前期研究有序推进。

支流高等级航道建设稳步推进。岷江犍为、虎渡溪航电枢纽建成。嘉陵江川境段航运配套工程后续工程基本完工。乌江白马航电枢纽建设稳步推进。湘江永州至衡阳Ⅲ级航道建设三期工程、沅江常德至鲇鱼口 2000 吨级航道建设工程有序推进。汉江安康白河至丹江口河段复航,湖北段孤山航电枢纽船闸试通航。赣江龙头山枢纽二线船闸、新干枢纽至南昌Ⅱ级航道等项目加快推进。合裕线裕溪一线船闸建成通航,巢湖一线船闸扩容改造工程加快建设。京杭运河谏壁一线船闸扩容改造工程开工,杭州段二通道建成通航。长江三角洲地区高等级航道网深化区域航道网络衔接协同。

(2)航道养护

长江干线航道全年航标维护正常率、信号揭示正常率、信息发布准确率均达到 100%。宜宾至浏河口段全年最大设标 5802 座(不含代设代管航标),完成航标养护 207 万座·天,各信号台实际开班 7369 台·天,指挥各类船舶 20.35 万艘次;完成航道测绘 4.49 万换算 km²;31 艘疏浚船舶对 29 处水道实施航道养护疏浚施工 2515.85 万 m³;对竣工交付使用的 580 处航道整治建筑物进行维护,航道整治建筑物检查 5576 座次,观测 18929.28 换算 km²。长江干线上游宜宾至重庆河段航道水深提高至 2.9~3.5m;中游宜昌至武汉河段航道水深提高至 3.8~4.5m,其中宜昌至松滋河段、城陵矶至武汉河段航道水深提高到 4.5m,松滋至荆州河段航道水深提高到 4.0m 试运行;武汉至安庆河段航道水深提高至 6m,中洪水期航道水深提高 0.5~1m;下游安庆至南京河段提高至 6~9m,长江干线区段标准逐步统一。

4.1.2　港口发展

(1)港口建设

各地以加快建设世界一流港口为目标,持续加大投资建设力度,推进港口码头基础设施建设和升级改造,推动港口综合能力跃升,优化港口码头资源供给。上海港罗泾港区集装箱码头改造一期、连云港 40 万 t 矿石码头、泰州靖江 10 万 t 级散货码头、扬州仪征 5 万 t 级液体散货码头改(扩)建、镇江 5 万 t 油品码头、宁波舟山港金塘港区大浦口集装箱码头、安庆港长风作业区一期改造、岳阳铁水集运煤炭储备基地一期、果园港二期扩建、涪陵龙头二期等一批重点工程建成投入运行,江阴 3 个 20 万 t 散货码头、南通 10 万 t 粮油专用码头、太仓长江最大汽车滚装码头、九江港瑞昌下巢湖散货码头等一批重大项目开工。持续加快推进重点港区铁路专用线和疏港公路建设,加快解决铁路进港"最后一公里"问题,港口集疏运体系进一步完善。南通疏港铁路一期、滨海港区铁路支线、甬金铁路双层高箱运输试验线、九江城西港区铁路专用线、长沙新港(三期)铁路专用线、华容煤炭铁水联运储配基地项目铁路共线段、万州新田港进港铁路、宜宾港进港铁路、水富港专用铁路等一批疏港铁路建成投入运行。

（2）枢纽能级提升

长江水系8个项目入选第一批港口功能优化提升交通强国专项试点项目。浙江省建立强港工作推进机制,强港建设纳入全省"十项重大工程",制定实施强港建设实施方案、深化世界一流强港建设改革的若干意见。《湖北省水运发展三年行动方案(2023—2025年)》,提出打造三大都市圈枢纽港。长江三角洲4个省(直辖市)港口集团签署战略合作协议,推动交叉持股和运营合作,持续健全港口集团联席会议和会商机制,共商长江三角洲港口强化协作,共促长江三角洲世界级港口群更高质量一体化发展。浙江省海港集团与苏州签署战略合作协议,全面深化港口联动合作。宁波舟山港持续发挥开放大港和浙江海洋港口一体化优势,全面深化开放合作,通过300余条航线将200多个国家和地区的600多个港口织点成网,形成通达全球的庞大海上航线网络。苏州港综合运输服务平台运行,实现集装箱船舶业务全程数字化在线操作与核心业务智能化,全面支撑沪太联动接卸业务和苏州地区内河港口至苏州港太仓港区集装箱中转业务的开展。

4.2 运输服务保障

4.2.1 水路运输服务

（1）水路客货运输量

长江水系14个省(直辖市)全年完成水路客运量1.70亿人、旅客周转量31.51亿人·km,同比分别增长113.0%、127.2%。其中,内河客运量1.12万人、旅客周转量19.05亿人·km,分别增长109.3%、147.2%。完成水路货运量67.2亿t、货物周转量75622.9亿t·km,分别增长9.0%、6.8%,水运量占全国的71.8%。其中,内河货运量39.7亿t、货物周转量18356.8亿t·km,分别增长9.0%、8.7%。

（2）港口吞吐量

长江水系14个省(直辖市)全年完成港口吞吐量104.6亿t,同比增长9.0%。其中,沿海港口48.9亿t,内河港口55.7亿t,同比分别增长7.7%、10.1%;内河港口吞吐量主要货类包括矿建材料、煤炭及制品、金属矿石、集装箱、钢铁、非金属矿石、石油及制品、粮食、滚装汽车等,分别占内河港口吞吐量的32.7%、18.7%、15.8%、5.8%、5.2%、4.5%、2.7%、2.5%、0.6%。完成外贸吞吐量27.8亿t,同比增长7.3%。其中,沿海港口 22.9 亿 t、内河港口 4.9 亿 t,分别增长 7.1%、8.3%。完成集装箱吞吐量 16886 万 TEU,增长 7.5%。其中,沿海港口 13846 万 TEU、内河港口 3040 万 TEU,分别增长 7.4%、8.0%。长江干线完成港口吞吐量 38.7 亿 t,同比增长 7.9%,其中外贸 4.8 亿 t,增长 8.4%;集装箱吞吐量 2576 万 TEU,增长 4.9%。吞吐量过亿吨的港口有 16 个,与 2022 年相比增加了岳阳港、铜陵港。江苏省苏州港、泰州港、江阴港、南京港、南通沿江港分列前五,苏州港货物吞吐量超 5 亿 t。

4.2.2 水路运输市场发展

（1）干散货运输市场

干散货虽然是长江航运第一大货类,但是其运输市场运力供给总体存在过剩,货运需求相对不足,全年干散货运价走势低迷。沿江电厂煤炭库存高位运行,长协价煤炭比例有所提升,煤炭运价同比有所下跌。地产行业回暖态势尚不明显,基建投资增速有所放缓,矿建材料、铁矿石运价全年呈走跌态势。2023 年,长江干散货综合运价指数为 653.1,同比下降 10.34%。根据重点企业调查,干散货平均运价 0.03 元/(t·km),下降 11.4%。主要货类平均运价:煤炭 0.032 元/(t·km),下降 13.0%;金属矿石 0.031 元/(t·km),下降 10.4%;矿建材料 0.028 元/(t·km),下降 10.8%。从总体上看,干散货运输市场供给大于需求,企业经营比较困难。

（2）液货危险品运输市场

2023 年,长江水系拥有省际液货危险品运输船舶 2300 艘,400.1 万载重吨,分别同比减少 6.69%、3.66%,平均载重吨为 1740t/艘,增长 3.33%。全年长江干线省际内河船舶完成货运量 5269.8 万 t,货运周转量 409.0 亿 t·km,平均运距 776km。从货物类型来看,以成品油、原油和化工产品为主,原油 675.7 万 t,占比 12.8%;柴油/汽油货运量 2091.3 万 t,占比 39.7%;石脑油 188 万 t,占比 3.6%;沥青 213.9 万 t,占比 4.1%;一般油类 497.9 万 t,占比 9.4%;硫酸 342.8 万 t,占比 6.5%;植物油 181.7 万 t,占比 3.4%;液碱 120.4 万 t,占比 2.3%;一般化工品 905.8 万 t,占比 17.2%;液化气 52.3 万 t,占比 1.0%。根据重点企业反馈,石油化工品平均运价为 0.119 元/(t·km),上升 2.3%。其中,原油 0.125 元/(t·km),上升 4.2%;成品油 0.117 元/(t·km),上升 1.5%;散装化学品 0.12 元/(t·km),上升 2.9%。LNG 运价 0.47 元/(t·km),同比持平。

（3）集装箱运输市场

受我国经济复苏好转、国际集装箱运价下跌、政策推动等多重因素影响,长江集装箱运输市场相对保持稳定发展,运价基本持平。2023 年长江集装箱运价指数为 1016.2,同比上升 0.41%。根据重点企业调查,平均运价为 0.58 元/(TEU·km),同比略微下降。长江干线集装箱运输企业与大型货主签订长协运价合同,对于稳定市场运价发挥了积极作用。但受燃油成本、人工成本仍然较高等影响,航运企业经营效益没有明显改观。

(4)载货汽车滚装船运输市场

随着生产经营活动逐步有序地恢复,物流运输的市场需求量呈现回暖态势,长江载货汽车滚装船运输市场也呈现出增长态势。2023 年,长江干线省际载货汽车滚装运输总量 25.95 万台,其中上行 12.13 万台,下行 13.82 万台。较 2022 年同期,整体车流量上浮 14.16%,其中宜渝航线的涨幅最大。运输价格也有所上涨,企业经营效益有所改善。根据重点企业调查,船舶平均综合运价为 3.33 元/(车·km),同比上升 1.7%。其中,上行运价 3.73 元/(车·km),上升 3.0%;下行运价 2.92 元/(车·km),持平。

(5)旅游客运市场

长江游船市场(包括城市游船和省际游轮)回暖势头明显,游客量接近或反超 2019 年水平。长江干线省际游轮市场全面复苏,呈现"量价齐升"良好态势,全年共计发船 5414 艘次,为 2019 年的 94.72%,完成客运量 137.62 万人,为 2019 年的 126.18%,接待国外游客 1.41 万人,占市场总量的 1%;常规渝宜经典航线平季价格为 2400 元/人以上,较 2019 年上涨约 30%,省际旅游客运企业经营效益明显改善,均不同程度盈利。城市滨江游市场客流持续回升,重庆、宜昌、武汉、上海城市游船多点开花,全线城市游销售收入超过 10 亿元。重庆"两江游"完成客运量 346.2 万人,同比增长 272.7%,为 2019 年的 106.4%,其中夜游航班客运量 294.1 万人次,占 85%。宜昌"两坝一峡"游船旅客接待量同比增长 85%、营收同比增长 123%。武汉段有 16 艘城市游船,接待旅客 125 万人次。上海浦江游船客流量已接近恢复 2019 年行业顶峰水平,散客占比达到 70%。

4.3　航运安全保障

4.3.1　安全生产形势

2023 年,长江干线累计发生水上交通事故 43 件,同比下降 33.8%。其中,等级事故件数 7 件,死亡失踪 9 人,沉船 4 艘,直接经济损失 1302.8 万元,分别增长

16.7％、增长 50.0％、下降 20％、增加 90.7％。

4.3.2　安全生产体系建设

长航局严格落实党政领导责任和部门监管责任,健全水上安全联席会议制度,落实追责问责机制。压紧压实企业主体责任,健全并落实安全生产责任制,加强长江航运安全生产标准化建设工作,推进企业安全生产工作制度化、规范化、系统化、科学化。印发《关于加强长江航运安全生产风险动态管控工作的通知》,规范运行防范化解长江航运安全生产风险动态评估工作程序,逐步构建重大风险"一张图",对 48 项重大安全风险实施"图斑化"管理,推动安全管理标准化建设。制定航运企业构建双重预防机制指导意见,强化航运企业安全风险自辨自控、安全隐患自查自治,探索双重预防机制与安全管理体系运行、安全生产标准化建设有机结合,积极推进安全治理向事前预防转型。针对航道与通航、航运企业安全管理、船舶配员、船员履职能力、水运工程建设、突出违法违规行为治理等方面制定隐患整治清单,定期制作工作简报、跟踪隐患排查整治情况、调度专项行动任务进展、组织开展安全风险辨识评估,排查整改一般事故隐患 1.6 万余项、重大事故隐患 36 项。全面推广应用"互联网＋监管""互联网＋执法"系统,提高监管规范化、精准化、智能化水平。

4.3.3　安全监管执法建设

长江海事部门综合利用船舶巡航、空中巡航、电子巡航等方式加强对重点航路、重点区域的巡航巡查,保障过往船舶安全航行,打击违规行为。全年接收船舶报告、VTS 区域船舶交通流量等船舶监控 661132 艘次,提供信息广播、交通组织等服务214226 次,应急组织 7 次,综合管理 5912 次。会同长江上游 3 省 1 市签订《长江上游水域水上交通安全监管部门联勤联动合作协议》,不断巩固长江上游水上交通安全和防污染管理长效机制。发布《长江海事局关于整治船舶进出港口不按照规定向海事管理机构报告等七项突出违法行为的通告》,进一步整治水上交通安全和防污染领域顽瘴痼疾。落实《关于进一步加强船舶载运散装液体危险货物安全监管的紧急通知》要求,全面加强船舶载运散装液体危险货物安全监管。实施危险化学品船舶分级分类差异化动态监督措施,推动重点地区水上危险化学品运输应急联动机制升级,建立由"政府主导、部门联动、多方参与"的危险化学品应急处置联动机制。加强现代化监管手段试点应用,全面推进安徽段全要素水上"大交管"试点;督促辖区全部在营水上超市船安装 AIS 设备,实现港作船 AIS 全覆盖;探索三峡过闸船舶智能安检,推动构建"全方位协同、全过程感知、全链路赋能"的过闸安检体系。

4.3.4　通航安全保障

强化通航安全信息服务,长江航道、海事管理部门通过官方网站、长江"e＋"信息服务平台、微信公众号等渠道按要求及时发布航道维护尺度计划、航道水情信息等航道条件信息,以及气象预报、气象类水上交通安全预警等安全信息。全年航行通(警)告按发布项目,发布水工作业、水上活动等航行通告 2210 份,发布大型拖带、航道变化等航行警告 200 份;按发布方式,通过广播、网络等发布航行通告 9456 份,通过VHF、网络等发布航行警告 6006 份。三峡交管中心运行模式优化持续推进,共发布安全预警 106 次,实施禁限航管控 92 次,发现并纠正异常行为 380 余次,实施船舶动态跟踪监控 4.7 万余艘次。

加强重点时段安全保障,强化汛期长江航运安全管理,开展 2023 年"汛期百日安全"活动,有效应对汉江秋汛、四川段 5 次洪峰过境、"杜苏芮"等台风影响,确保了汛期长江航运安全、畅通、有序;加强春节、清明、五一、端午、中秋、国庆等重要节假日及全国两会、杭州亚运会、中国国际进口博览会等重要活动期间长江航运安全保障工作,突出对重点船舶、重点水域、重点部位、重要设施和重要场所的风险防控和隐患排查。

积极应对"洪期不洪、枯期超长"非预期性影响,建立特殊水情航道应急保畅工作机制,认真总结上年"汛期反枯"工作经验,密切关注干支流水情、雨情,加强重点河段跟踪观测分析研判和调度应对,加强航道通行和设施状态监测评估,克服向家坝电网检修和三峡水库消落影响,特别是有力应对叙渝段罕见低水位和上游突发洪水,强化重点水道维护,协调统一上游 33 处过河航道与横驶区,投入 59 艘工程船舶对 30 处重点水道实施养护疏浚,提炼形成"一滩一策"精准疏浚模式,全年完成疏浚量 7274万 m^3,积极应对三峡库区地质灾害风险隐患,增设 22 座三峡库区地质灾害危险水域警示标、28 处高危水域电子围栏,有力保障干线航道畅通安全。

4.3.5　水上应急救助

积极推动省级水上搜救机制建设。推动万州、武汉、南京区域性救助基地建设,落实与交通运输部救助打捞局对口支援机制,与中国潜水打捞协会等社会救助机构建立合作机制;建成国内首套常压潜水系统(ADS)并完成 167.6m 深潜测试。制定突发事件综合应急预案,印发长航局系统应急预案清单,完善长江航运"1＋10＋45"的应急预案体系框架,健全分工负责、分级响应机制,优化各级各类突发事件响应程序,初步形成三峡库区地质灾害防范"五个一"长效工作机制。宜宾、泸州、岳阳、安庆、南通如皋等一批海事监管救助(综合)基地加快建设,完成应急搜救和现代化监管两个实训基地挂牌建设,重庆、万州、常州船舶溢油应急设备库全面建成。组织开展一系列应急演习,如长江航道危岩地质灾害事件实战演习、三峡库区 150m 深水搜寻打捞等大型演习演练,进一步磨合应急联动机制,增强应急队伍实战能力。长江海事全年共组织搜救 12 次,遇险人员 100 人,救助人员 98 人,人命救助成功率 98%;成功处置"新光明"轮火灾爆炸事故。

4.4 航运绿色发展

4.4.1 污染防治和生态建设

(1)船舶和港口污染防治

落实船舶和港口污染防治长效机制,常态化推进船舶和港口污染防治工作。严格落实船舶污染物船岸交接和联合检查制度,推行船舶港口污染防治网格化管理,推动完善船舶污染物全过程衔接和协作。大力推动船舶污染治理"零排放",开展"零排放"清零行动,实施内河船舶污水直排管系铅封,2023 年完成船舶电子铅封 5218 艘,累计已有 3.65 万艘船舶报备实施"零排放",长江干线基本实现船舶水污染物"零排放"。全年开展船舶防污染现场检查 10.1 万艘次,参与联合执法 907 次,查处涉污违法行为 1415 起,其中偷排超排 264 起,对责任船员实施违法记分 801 人次、3196 分。落实船舶大气污染排放控制区实施方案,加大现场执法力度,加强船舶燃油监督检查,运用桥基船舶尾气排放遥感监测系统巩固尾气监管机制,降低原油、成品油码头和油船挥发性有机物排放,严厉打击船舶违法排污行为,实施船舶燃油抽查 2.6 万艘次,查处燃油超标船舶 186 艘次。

(2)污染物接收转运处置设施建设运行

持续推进船舶和港口污染物接收转运处置设施建设,实现码头船舶垃圾、生活污水、含油污水接收设施基本全覆盖,设施运行良好,基本实现全过程电子联单管理。组织开展污染物接收转运处置能力评估,促进接收设施与城市公共基础设施之间有效衔接,污染防治能力持续提升。督促指导企业严格按规定配备船舶污染物接收、防风抑尘、初期雨水收集等设施设备,加强维护保养及使用,做好船舶水污染物的分类收集和上岸处理,强化对船舶污染物接收、转运、处置全流程监管。持续推广应用船舶水污染物联合监管与服务信息系统。截至 2023 年底,系统注册用户达 34.3 万、船舶超 10 万艘,共接收船舶垃圾 2.9 万 t、生活污水 120.8 万 t、含油污水 16.7 万 t;江苏、浙江、安徽、江西、湖北、四川、云南、贵州等省各类污染物的转运处置率均在 95% 以上。

（3）推动突出生态环境问题整改

各地对照长江经济带生态环境警示片涉及水运问题,压实部门监管责任,全面排查问题,建立任务台账,扎实推进整改,问题全部完成整改销号。分片区对长江经济带交通运输生态环境突出问题整改情况开展现场督导检查。江苏挂牌督办扬州、盐城码头非法营运问题,警示片披露的港口问题已完成整改验收销号;举一反三开展港口领域突出问题自查自纠,沿江 8 市发现问题 60 个并持续推进整改。浙江桐乡 21 个码头、湖州 5 个无证码头通过省级销号核查,桐乡累计恢复岸线资源 1704m,实现土地复耕复绿 44 亩,Ⅲ类水占比首次达到 100%。湖北强化现场督办检查,明确整改验收标准,涉及交通运输部门整改工作基本完成。重庆构建"重点规划＋要点推进"纵深化的交通环保管理体系,关停码头 6 座、完善手续 1 座、整改码头 4 座,万州、忠县、丰都、永川等地已完成整改销号,丰都汶溪码头复绿超占岸线,完成覆土 7700m²。四川完成全省通航水域环保现状全覆盖评估,实现非法码头"动态清零"。贵州完成 2021—2022 年水路行业绿色低碳发展试评估工作,赤水河航道整治突出问题提前近 3 年完成整改目标。

（4）加强资源保护与利用

多部门联合印发《长江河道非法采砂专项打击整治行动方案》,强化部门协同与执法协作,进一步加强涉砂管理,长航局、长江委等涉水涉航部门联合开展全线采砂巡查,航运部门参与采砂联合执法 654 次,现场检查四联单 1539 次,移交非法偷采案件 9 起,查获违法采运砂船舶 61 艘,实施涉砂行政处罚 247 次,协助地方政府和相关部门通过检验、编号、拍卖、拆解等方式拆解"三无"船舶（无船名船号、无船舶证书、无船籍港的船舶）11 艘,有效保护长江航道资源。加快构建长江生态廊道,综合利用疏浚土开展生境营造区建设、运用生态鱼礁等生态结构开展生境重建区建设,建成生态护岸 960m,投放鱼巢、鱼礁等生态结构 4700 余件,放流鱼类 34 万尾,实现航道建设运行与生态环保的有机统一。坚持岸线资源节约集约利用导向,进一步加强港口岸线资源支撑保障,扎实推进岸线资源利用评估,加强事前事中事后监管,优先支持公用化、专业化、规模化岸线开发,推动存量岸线整合提升、增量岸线集约高效,保障长远发展空间。加强航道疏浚砂综合利用,在泰州、镇江、荆州、重庆等 14 个地方合力实施航道疏浚砂综合利用,2023 年累计上岸利用约 900 万 m³。

4.4.2　航运绿色低碳转型

（1）完善推进绿色低碳转型的政策机制

交通运输部批复同意在上海海事设立船舶能效管理中心，推动完成《船舶能耗数据和碳强度管理办法》的修订和《船舶能耗数据和碳强度监督管理指南》的制定工作，初步形成我国船舶能效管理工作机制，全面启动中国籍国际航行船舶碳强度管理实施工作；推进航运业落实"双碳"目标，连续四年对我国船舶能耗数据开展统计、分析和评估，形成全国船舶能耗数据收集分析年度报告；对 5000 总吨以上的中国籍国际航行船舶开展营运碳强度预评级，掌握我国主力船型能效评级情况。

开展长江航运进入碳交易市场和长江干线绿色航道养护指标体系专项研究，修订长江航道工程生态设计等指南性文件。上海、江苏、安徽三地协同立法，同频出台地方船舶污染防治条例，其中多项措施成为长江三角洲区域共举。江苏发布《绿色港口评价指标体系》，确立了绿色港口评价的总体原则和基本要求，明确了评价指标体系和计分方法，适用于从事港口经营业务的企业开展绿色港口评价。

（2）推进基础设施绿色低碳建设

绿色航道理论体系及工程实践取得突破，开展绿色航道建设理论及应用等 21 项重要研究，积极推进武汉至安庆段、朝天门至涪陵段绿色航道工程实践，武汉至安庆段工程荣获国家绿色建造施工"三星"评价；修订发布《生态设计指南》《绿色施工指南》《环保监理指南》，出台《内河航道绿色建设技术指南》等 3 项行业标准；在湿地营造、清礁弃渣、生态修复等方面取得了一系列成果；绿色航道试点形成"长江方案"并在交通强国建设试点工作推进会上进行经验交流。南京港龙潭集装箱有限公司获2023 年亚太绿色港口成就奖。长江水系 14 个省（直辖市）有 11 个码头获评 2023 年中国港口协会绿色港口，其中南京港龙潭集装箱码获评 5 星级。江苏认定星级绿色港口企业 36 家，其中五星级 2 家、四星级 10 家、三星级 24 家。

（3）推动船舶靠港使用岸电

积极协调推进运输船舶岸电系统受电设施改造和港口岸电设施建设改造、交通强国长江干线港口和船舶岸电试点等工作，强化船舶靠港使用岸电监督检查，全面推广长江干线港口和船舶岸电监管与服务信息系统，提高岸电使用率。持续推进船舶岸电设施改造，全年完成运输船舶受电设施改造 3326 艘。截至 2023 年底，长江水系累计完成近 1.5 万艘运输船舶受电设施改造。组织开发了长江经济带港口岸电设施服务系统，全年完成 214 个泊位、258 套岸电设施改造升级。截至 2023 年底，长江经济带非液货生产经营性码头泊位中安装岸电设施的有 10064 个、标准接插件 13988 个,岸电设施泊位安装率达 93.9％、标准接插件占比 86.1％,同比分别增长 13.9％、16.3％。各地研究出台支持政策,通过加大船舶靠港使用岸电的宣传、加强长江干线船舶靠港使用岸电监督检查等方式,形成推动岸电工作的合力,长江经济带全年船舶靠港使用岸电 107 万艘次、1166 万小时、12440 万 kW·h,同比分别增长 37％、34％、66％。相当于节省燃油 2.76 万 t,减少碳排放 8.76 万 t,岸电使用量提前 2 年实现"十四五"用电量超亿千瓦时的目标。

(4)新能源清洁能源船舶推广应用

推进 LNG 动力船舶建设和改造,继续推行 LNG 动力船优先过闸政策,长江首艘新一代 130m 纯 LNG 动力川江标准散货船"长航货运 002"轮投入运营。开展专题研究明确新能源和清洁能源船舶及设施检验标准,推进长江内河船舶、江海直达船舶等应用新能源,试点研发电动公务船,组织开展川江载货汽滚装船新能源应用试点。国内首艘入级中国船级社氢燃料电池动力船"三峡氢舟 1"在宜昌三峡游客中心首航。截至 2023 年底,安全航行超 1000km,氢燃料电池技术在内河船舶应用实现零的突破。江西推动庐山西海氢能动力"西海新能源 1 号"旅游船舶试点。加快纯电动集装箱船示范推广,全国首艘长江支线 120TEU 纯电动集装箱示范船"华航新能 1"首航,江苏内河纯电动集装箱船"江远百合"投入运营。上海建造黄浦江游览船等 4 艘纯电动船舶,湖南投入运行电力客船 217 艘。四川投入运行新能源船舶 50 艘,研发嘉陵江电动货运船舶,支持宜宾创建内河船舶绿色智能发展试点城市。云南推广应用高原湖泊新能源船舶研究成果,推进电力客船船型在金沙江、澜沧江专债项目和滇池、洱海船舶更新改造中深入应用,推动甲醇等多种能源方式在库湖区多元化应用。

4.4.3　绿色航道建设典型案例

(1)航运污染水环境与水生态协同保护修复技术及重要水生生物伤害防护关键装备研发

长江航道部门全力开展国家重点研发计划课题"航运污染水环境与水生态协同保护修复技术及重要水生生物伤害防护关键装备研发",针对长江航运污染对水生态影响明显、河岸缓冲带污染自净能力较弱的问题,及主要港口航道水域生物类群繁多、河岸带生态结构脆弱的难点,研究水体及河岸带关键生态要素与航运污染因素的互馈机理,提出适宜于码头与周边河岸自然缓冲带的污染自净强化与水生生境恢复技术;分析江豚敏感声学频谱特征,开展港口航道水域阵列式水下声场刻画及江豚

"声场—行为—轨迹"三相互馈关系描摹,攻关超声驱诱结合的重要水生生物伤害防护技术并研发关键装备,形成航运污染水环境与水生态协同保护修复技术体系,并开展工程示范,实现港口航道水环境与水生态协同保护修复。

(2)洞庭湖区限速限航方案编制及试点项目

华夏美湘生态保护修复专项基金项目"洞庭湖区限速限航方案编制及试点项目"是积极践行习近平生态文明思想,保护长江流域重要水域生态环境的平衡和稳定的重要实践。研究团队深入调查和研究了洞庭湖江豚生存现状及声学特性,监测并分析了该区域典型货船水下噪声数据及分布规律,结合船舶航行安全和生态保护需求,探讨了洞庭湖区船舶限速限航方案和标准。该项目在落实生态修复措施、保护长江生物多样性、加强洞庭湖水域生态环境修复起到了积极作用。

(3)西部陆海新通道(平陆)运河生态涵养区专项设计

平陆运河工程是西部陆海新通道的骨干工程。该项目建成后,我国西南地区货物经平陆运河出海,较经广州出海缩短入海航程 560km 以上,将形成大能力、高效率、低成本、广覆盖的江海联运大通道,对加快区域经济社会发展、促进中国—东盟经贸合作具有重要作用。其中,生态涵养区是水生生物繁衍的栖息地,是人工运河开发与河流生态保护协同的试验田,是建设平陆运河"绿色工程"的先行示范区,是平陆运河践行绿色发展理念和生态文明思想的样板区。长航局系统将以本项目为契机,充分发挥在生态航道建设方面的优势,服务好平陆运河工程,积极推动"长江方案"走向全国内河,为内河水运高质量发展、交通强国建设贡献力量。

第5章　长江流域水环境保护与综合治理

2023年,联盟成员单位坚持生态优先、绿色发展,推动落实入河排污口排查整治、黑臭水体治理和工业污染核查抽测等水污染防治工作,高质量完成国控断面水环境质量"9+X"监测工作,有序构建以遥感监管为基本手段、重点监管为补充、信用监管为基础的水土保持监督管理工作机制,对流域生产建设项目严格实施全覆盖、全链条、全过程监管,全面保障流域水环境质量持续向好改善。

5.1　水环境保护

5.1.1　地表水水环境状况①

2023年,长江流域河流水环境质量持续改善,总体水质为优。干流全线符合或优于Ⅱ类水质;支流水质总体向好,优于Ⅲ类水的断面占比达98.4%。长江流域主要湖泊中Ⅰ~Ⅲ类水质占比53.8%,主要水库中Ⅰ~Ⅲ类水质占比达100%。选取长江上游四川省、重庆市,长江中游湖北省、湖南省,长江下游安徽省、江苏省为代表介绍区域水环境质量状况。

（1）长江上游四川省、重庆市

2023年,四川省全省地表水总体水质为优,345个地表水监测断面中,Ⅰ~Ⅱ类水质断面255个,占73.9%,Ⅲ类水质断面90个,占26.1%,无Ⅳ类及以下水质断面。四川省长江流域范围内12条重点流域水质均为优:长江（金沙江）流域52个断面中,

---

①数据来源于四川、重庆、湖北、湖南、安徽、江苏2023年环境质量公报。

Ⅰ~Ⅱ类水质断面 43 个,占 82.7％,Ⅲ类水质断面 9 个,占 17.3％,无Ⅳ类及以下水质断面;其余 11 条重点流域水质均为优,雅砻江、安宁河、赤水河、岷江、大渡河、青衣江、沱江、嘉陵江、渠江、琼江流域水质优良率均为 100％。监测 14 个湖库水质中,泸沽湖、二滩水库为Ⅰ类,邛海、黑龙滩水库、紫坪铺水库、瀑布沟水库、三岔湖、双溪水库、沉抗水库、升钟水库、白龙湖、葫芦口水库为Ⅱ类,水质为优;老鹰水库、鲁班水库为Ⅲ类,水质良好。

2023 年,重庆市全市地表水总体水质为优,238 个地表水监测断面中,Ⅰ~Ⅲ类水质断面 232 个,占 97.5％,水质满足水域功能的断面占 100％。重庆市长江流域总体水质为优,长江干流 20 个监测断面水质均为Ⅱ类。长江支流总体水质为优,218 个监测断面中,Ⅰ~Ⅲ类水质断面比例为 97.2％;水质满足水域功能的断面占 100％。长江主要支流嘉陵江流域共设 51 个监测断面中,Ⅰ~Ⅲ类水质断面比例为 89.1％;乌江流域共设 29 个监测断面,水质均达到或优于Ⅱ类水质。

(2)长江中游湖北省、湖南省

2023 年,湖北省全省地表水总体水质为优,326 个地表水监测断面中,Ⅰ~Ⅲ类水质断面占 91.4％,Ⅳ类断面占 6.8％,Ⅴ类断面占 1.5％,劣Ⅴ类断面占 0.3％;与 2022 年相比,Ⅰ~Ⅲ类断面比例上升 0.9％,劣Ⅴ类断面比例上升 0.3％。湖北省长江流域总体水质为优,长江干流 20 个监测断面、汉江干流 18 个监测断面水质均为Ⅱ类,清江干流 9 个监测断面中Ⅰ~Ⅲ类断面占 100％,与 2022 年相比长江干流、汉江干流、清江干流总体水质均保持稳定。16 个二级流域水质为优、良好和轻度污染的分别有 12 个、3 个和 1 个,与 2022 年相比分别持平、增加 1 个和减少 1 个。三峡库区干流及支流总体水质为优,17 个监测断面水质为Ⅰ~Ⅱ类。丹江口库区及入库支流总体水质为优,25 个监测断面中,水质为Ⅰ~Ⅲ类的断面占 96.0％,水质为Ⅳ类的断面占 4.0％。湖北省主要湖泊总体水质为轻度污染,主要污染指标为总磷、化学需氧量和高锰酸盐指数。22 座主要水库总体水质为优。

2023 年,湖南省水环境质量稳中向好。湖南省 147 个国家地表水评价考核断面中,Ⅰ~Ⅲ类水质比例为 98.6％;长江干流湖南段和湘江、资水、沅江、澧水“四水”干流评价考核断面水质均达到或优于Ⅱ类,洞庭湖区总磷平均浓度下降 0.054mg/L;全省 14 个城市的 32 个在用地级城市集中式生活饮用水水源水质达标率为 100％。

(3)长江下游安徽省、江苏省

2023 年,安徽省全省地表水总体水质为优。401 个地表水监测断面中,Ⅰ~Ⅲ类水质断面占 90.3%,同比上升 3.8%,Ⅳ类水质断面占 9.7%,无Ⅴ类和劣Ⅴ类水质断面。安徽省长江流域总体水质为优良,长江干流总体水质为优,20 个断面水质均为Ⅱ类。监测的 77 条长江支流中,53 条水质状况为优、21 条为良好、3 条为轻度污染。巢湖全湖及东、西半湖水质类别均持续为Ⅳ类,全湖及东、西半湖呈轻度富营养状态,主要污染指标为总磷;环湖河流总体水质状况为优,监测的 38 条环湖河流中,7 条水质为优、30 条水质为良好、1 条水质为轻度污染。除巢湖外,安徽省监测的其他 28 个湖泊中,15 个为水质良好、13 个为水质轻度污染;44 座水库中,20 座为水质优、21 座为水质良好、3 座为水质轻度污染。

2023 年,江苏省全省地表水总体水质为优。210 个地表水监测断面中,Ⅰ～Ⅲ类水质断面占 92.9%,Ⅳ～Ⅴ类水质断面占 7.1%,无劣Ⅴ类水质断面,与 2022 年相比,Ⅰ～Ⅲ类水质断面占比上升 1.9%。江苏省长江流域总体水质为优,长江干流江苏段水质均符合Ⅱ类,长江主要支流各断面水质全部达到或优于Ⅲ类,与 2022 年相比,长江干支流水质保持稳定。江苏省全省县级及以上城市集中式饮用水水源地的取水水质全部达标。

5.1.2　水污染防治

（1）入河排污口排查整治

按月持续调度并指导汉江上游及丹江口库区入河排污口排查工作,督促湖北、河南、陕西 3 个省加快启动监测溯源,赴陕西省开展溯源整治督促指导,推动 3 省 5 市协同工作。对汉江上游及丹江口库区周边 4 个省界缓冲区、4 个饮用水水源地开展入河排污口排查整治暗查暗访,相关问题登记建档,纳入后续核查。对安徽省池州市、江苏省南通市 19 个入河排污口开展整治核查,发现 6 个排污口存在整治不规范或不到位、未开展排污口验收的情况,已登记建档,纳入后续执法监管。赴湖南省长沙市、岳阳市开展 7 个入河排污口整治工作调研核实,发现整治信息填报不准确、更新不及时、污水溢流直排等问题,已现场交办地方生态环境部门。

（2）黑臭水体治理

开展湖北、湖南、安徽、四川、贵州、云南、江西等 7 个省黑臭治理成效调查工作,重点核实城市建成区未完成治理、治理成效不稳定、新增的黑臭水体和卫星遥感识别的疑似黑臭水体,排查治理措施实施和长效管理机制落实情况,通过水质监测、调研污水和垃圾收集处理体系情况,形成排查问题清单,综合判定城市黑臭水体治理成效。

（3）工业污染治理

对贵州、湖北、湖南、江西、四川、重庆、云南、江苏等 8 个省（直辖市）共计 66 个工业园区问题开展了现场核查（其中包括 2 家资料调查），赴湖北省十堰市、宜昌市，江苏省泰州市，重庆市万州区等地就长江经济带船舶和港口污染防治情况进行调研。

结合指导协调监督工作实际，科学开展新污染物抽测。对 5 个省（直辖市）13 座园区污水处理厂、20 家相关企业开展疑似点位抽测，全方位支撑指导协调监督工作。对湖北、安徽、江苏 3 个省 6 个典型工业园区和企业共 48 个点位规范开展了重点点位抽测，了解抽测园区和企业重点管控新污染物的本底情况、现状，督促企业落实主体责任。

5.1.3　水环境监测

（1）流域水环境监测概况

按照"十四五"期间精准监测的要求，国家地表水环境质量监测网实施了"9＋X"的监测方式。"9"为基本指标：水温、pH 值、溶解氧、电导率、浊度、高锰酸盐指数、氨氮、总磷和总氮，湖库增加叶绿素 a 和透明度，"X"为特征指标。2023 年，完成 60 个国控断面相关水环境独立调查监测工作。按月开展长江流域和西南诸河水质会商工作，编制水质会商报告 12 期。参加生态环境部国家地表水水质会商月度会议，研判国控断面水质状况。

（2）专项监测

根据《2023 年新污染物环境监测试点工作方案》（环办监测函〔2023〕219 号）要求，长江局生态环境监测与科学研究中心对口湖北省生态环境监测中心站，帮扶完成湖北省新污染物试点监测工作。通过在长江流域汤逊湖污水处理厂、宜都东阳光生化制药有限公司和监利温氏生猪养殖场周边河流布设 6 个采样点位，开展了两阶段的全氟化合物、抗生素等新污染物的监测试点帮扶工作。

（3）开展汉江中下游水华预警监测

在汉江中下游的丹江口坝下至武汉宗关区段，共布设 18 个监测点位，于 2 月、3 月、5 月、6 月、8 月和 11 月陆续开展了 6 次浮游植物调查工作。监测结果显示，支流藻密度明显高于干流，其中 3 月、6 月和 8 月，支流白河、蛮河、浰河和竹皮河均有 2 次以上藻密度均超过轻度水华标准（1×10^7 cells/L），3 月竹皮河已出现水华现象，水面有明显可见悬浮的藻类连片漂浮，覆盖监测水体，优势种为衣藻。针对竹皮河水质存在异常情况,提出持续加强监测建议,避免支流输入造成的干流水环境影响。

5.1.4 水环境治理与修复

持续开展丹江口库区总氮、总磷问题分析研究工作。采用 2018—2021 年水质自动站逐日数据和水文站逐日流量数据,开展水库库内总氮、总磷通量核算。研究结果表明,水库氮、磷入库通量主要来源于汉江干流输入,汛期水库氮、磷升高的直接原因是汛期氮、磷入库通量大幅增加,根本原因是流域面源污染占主导,在面临汛期较强的水雨情时,水库氮、磷浓度升高的风险增大。2018—2021 年总氮入库通量分别为34309t、48893t、53475t 和 148407t,其中汉江干流总氮入库通量的比例分别为46.5%、71.0%、65.2%和 73.0%;2018—2021 年总磷入库通量分别为 1197t、2723t、1146t 和 8666t,其中汉江干流总磷入库通量的比例分别为 58.6%、82.5%、67.7%和89.3%。2021 年氮、磷入库通量显著增加,其中汛期入库通量占比较高,汉江 2021 年汛期(8—10 月)总氮、总磷入库通量分别占全年总氮、总磷入库通量的 68.8%、84.8%。氮、磷负荷调查及基流分割结果显示,总氮和总磷入库通量主要来源于面源,2018—2021 年入库总磷负荷中面源占比接近 62.5%～90.7%。此外,氮、磷浓度峰值与入库流量峰值高度同步,说明降雨导致的面源污染是氮、磷的主要来源,汛期水库氮、磷浓度升高的风险较大。

针对丹江口水库水质安全保障存在的问题,提出了加强水环境水生态监测预警能力、严格消落区土地利用与管理、加快构建流域统筹与区域协调的水源地协同保护机制、深化水源区氮磷迁移转化规律和消落区氮磷释放机理等水源保护专题科学研究、制定出台《丹江口水库保护条例》、强化库区及上游水污染防治和水土保持治理力度等措施建议,为后续开展丹江口水质保障管理工作提供重要的参考依据。

5.2 水土保持

5.2.1 水土流失状况①

根据水利部 2023 年全国水土流失动态监测成果,长江流域水土流失面积32.18 万 km²,占其土地总面积 179.11 万 km² 的 17.97%。其中,水力侵蚀面积30.68 万 km²,风力侵蚀面积 1.50 万 km²。按侵蚀强度分,轻度、中度、强烈及以上强度侵蚀面积分别为 25.19 万 km²、3.56 万 km²、3.43 万 km²,占长江流域水土流

①数据来源于《中国水土保持公报(2023 年)》。

失面积的 78.28%、11.06%、10.66%。与 2022 年相比,水土流失面积减少 0.56 万 km²,减幅 1.72%,流域水土保持率提高到 82.03%,生态环境持续向好。

长江流域水力侵蚀主要分布在金沙江下游、岷沱江中下游、乌江赤水河上中游和三峡库区等区域,风力侵蚀主要分布在金沙江上游。流域内重庆、贵州、云南、四川、陕西、甘肃、广西等 7 个省(自治区、直辖市)水土流失面积占土地总面积的比例超过 20%。流域内重点区域水土流失状况得到持续改善,其中三峡库区水土流失面积 1.79 万 km²,占其土地总面积 5.77 万 km² 的 31.02%,与 2022 年相比,水土流失面积减少 0.04 万 km²,减幅 2.03%;丹江口库区及其上游流域水土流失面积 1.84 万 km²,占其土地总面积 9.52 万 km² 的 19.33%,与 2022 年相比,水土流失面积减少 0.04 万 km²,减幅 2.00%。

5.2.2　水土流失综合治理

流域各省(自治区、直辖市)稳步推进国家水土保持重点工程建设,强化部门协同,系统推进水土流失综合治理。2023 年,长江流域新增水土流失综合治理面积19708.78km²。其中,国家水土保持重点工程新增水土流失综合治理面积 3935.41km²,省级水土保持项目新增水土流失综合治理面积 1056.28km²,其他生态建设项目新增水土流失综合治理面积 14717.09km²。

(1)国家水土保持重点工程

国家水土保持重点工程实施范围涉及青海、四川、西藏、云南、重庆、湖北、湖南、江西、安徽、江苏、贵州、甘肃、陕西、河南、浙江和广西等 16 个省(自治区、直辖市)。建设内容包括坡改梯 9612.13hm²,营造水土保持林 15238.64hm²,栽植经果林7788.87hm²,种草 5149.70hm²,封禁治理 270805.18hm²,其他措施 84946.38hm²,配套小型水利水土保持工程 2446 处。工程总投资 266426.57 万元,其中,中央投资222688.26 万元,地方投资 43738.31 万元。

(2)省级水土保持项目

省级水土保持重点工程实施范围涉及西藏、贵州、四川、甘肃、陕西、河南、安徽、广西和浙江等 9 个省(自治区)。其中,坡改梯 2668.98hm²,营造水土保持林4712.76hm²,栽植经果林 2220.63hm²,种草 119.95hm²,封禁治理 85704.85hm²,其他措施 10200.61hm²,配套小型水利水土保持工程 522 处。工程总投资64932.27 万元。

5.2.3 水土保持监督管理及监测

（1）制度建设

2023年，长江流域各省（自治区、直辖市）深入贯彻落实中共中央办公厅、国务院办公厅《关于加强新时代水土保持工作的意见》。在紧密结合各自地域实际的基础上，按照问题导向和需求导向制定出适合各省（自治区、直辖市）的实施意见或具体举措，明确了新时代水土保持工作目标任务及思路。全面组织启动小流域划分工作和空间管控划定工作，长江流域各省（自治区、直辖市）人民政府陆续编制发布《小流域划分技术指南》《小流域划分技术方案》《水土流失重点预防区和重点治理区落地工作方案》《水土流失严重生态脆弱区划定工作方案》，为水土流失综合治理和信息化监管提供了强有力支撑。规范生产建设项目监督管理方面，各省（自治区、直辖市）修订了生产建设项目监督管理办法，其中安徽省出台《关于全省城市建成区内生产建设项目水土保持方案管理的指导意见》，江西省印发《生产建设项目水土保持信息化监管工作机制》，重庆市印发《关于加强生产建设项目水土保持全流程监管工作的通知》等，进一步规范了人为水土流失防治工作，实现了生产建设项目全过程、全链条监管，进一步提升了监管服务效能；同时，为持续优化营商环境，流域各省（自治区、直辖市）持续深化"放管服"改革，不断优化水土保持监管服务，其中云南省印发《生产建设项目水土保持方案审批行政许可事项规范》，陕西省印发《关于推进"标准地＋承诺制"水土保持工作的实施意见》，全面推行区域评估和承诺制管理，极大程度提高了水土保持政务服务水平。

（2）生产建设项目监督管理

2023年，长江流域各级水行政主管部门共审批生产建设项目水土保持方案3.58万个。省、市、县各级水行政主管部门开展生产建设项目水土保持监督执法检查4.68万个（次），查处水土流失违法案件0.71万个，征收水土保持补偿费41.71亿元。123个部批大型项目建设单位开展水土保持自查，对已启用的1850个弃土（渣）场和179个取土（料）场水土流失防治情况进行全面排查。以铁路、水利、水电项目为重点，联合省级水行政主管部门对14个项目开展现场检查。结合卫星遥感和无人机技术对20个项目开展遥感监管。以水利、机场和铁路项目为重点，联合省级水行政主管部门对8个项目开展自主验收核查。研提20余个部批项目水土保持方案意见。组织对24个部批项目水土保持方案开展质量抽查。

（3）监督管理履职督查

开展 2023 年水土保持监管履职督查工作,成立 7 个督查组对西藏、贵州、四川、重庆、湖北、湖南和江西等 7 个省(自治区、直辖市)开展监管管理履职督查工作。共计对 21 个新批水土保持方案进行质量抽查,对 21 个在建项目开展现场检查,对 2022 年督查发现问题的整改情况进行"回头看",分省完成督查报告和"一省一单"督查意见。赴陕西、湖北、湖南和江西等 4 个省开展农林开发活动水土保持监管工作调研。对四川、贵州省境内 4 个长江经济带生态环境警示片水土保持问题整改情况进行现场督导和跟踪督办。

（4）重点区域、重大工程水土保持监管

推进落实成渝地区双城经济圈生产建设项目水土保持协同监管工作。联合西藏自治区、四川省水行政主管部门和水利部监测中心分 6 个组开展新建川藏铁路水土保持监督检查,以重大铁路、水利工程为重点,对成渝地区双城经济圈 9 个部批项目集中开展遥感监管。组织长科院、长江设计集团、水土监测站等单位,持续推进农林开发活动监管、废弃土石渣资源化利用、高寒山区弃渣场植被恢复技术研究、沱江流域人为水土流失监管调研等工作。

（5）水土保持监测与信息化

组织开展云南、贵州、四川、重庆、湖北等 5 个省(直辖市)坡耕地调查成果的意见征求和 12 个典型县调查成果的野外复核,组织对调查成果进行审查、修改和报送。组织完成 2023 年长江流域 14 个国家级重点防治区 115.86 万 km² 水土流失动态监测,成果通过水利部组织的抽查和复核。组织完成青海、西藏、云南、贵州、广西、湖北和湖南等 7 个省(自治区)省级监测区水土流失动态监测成果的抽查和复核。基于"长江水利一张图"推进水土保持数字化场景建设,开展长江流域水土保持数据底板建设和水土流失综合治理管理模型研发,完成生产建设项目现场检查 App 研发并投入应用。

5.3　典型案例

5.3.1　淅川县石板河小流域水土保持示范工程

淅川县是河南省南阳市下辖县,位于豫西南边陲,河南、湖北、陕西等 3 个省交界的黄金地带,是"一泓清水永续北上"的南水北调中线工程重要水源地。为保护南水北调中线工程水源区水质安全、改善区域生态环境、减轻水土流失、促进林果业及乡村旅游业绿色发展,淅川县开展"南水北调中线工程丹江口库区生态保护和环境综合整治项目"。其中,石板河小流域水土保持示范工程是其中的一个重要子项,充分运用水土保持综合治理措施,探索"水清、民富、家园美"新型流域治理思路,系统推进"山水林田湖草沙"一体化保护和修复。

结合土地利用规划结果和小流域的实际情况,由点及面,从坡面到沟道,以山、水、田、林、路、村思路进行统一规划,将流域划分为生态修复区、生态治理区和宜居环境区三大区域进行水土保持措施总体布置。生态修复区进行疏林地补植补种并制定管护制度;生态治理区采取坡改梯、灌溉措施、发展流域特色黄花菜产业,达到稳产、高产,实现可持续发展;宜居环境区内河道两岸修建生态护岸,排洪沟治理,并修建休闲广场,进行村庄美化等,提升村民生活质量水平。

石板河小流域水土保持示范工程通过采取人工治理与生态修复相结合方式,合理开发和保护项目区水土资源,促进社会主义新农村建设,水土流失明显好转,黄花菜种植基地初步成型,项目区逐步走上生产发展、生活富裕和生态良好的可持续发展之路,为丹江口水库水源区的水质长期稳定打下坚实的生态基础(图 5.3-1)。

图 5.3-1　石板河小流域综合治理效果

5.3.2　东湖水环境提升工程

东湖为亚洲最大的城中湖之一,水域面积 33.63km²,流域总面积 128.7km²,为全国首批国家重点风景名胜区,是大东湖生态绿楔的重要组成部分。东湖水环境提升工程,以"截污控污、湖内清淤、水系连通、生态修复、监控监管"为思路,探索出"流域规划顶层设计、水岸同治的灰绿蓝体系、底泥精准化环保清淤、水生态修复初期生境调控、体制保障与智慧监管"的长江大保护大型城市浅水湖泊修复模式。

工程采取全流域、全过程规划顶层设计,建立治理协同机制,以纳污能力限制与水质目标控制为核心目标,污染负荷削减量化和规划水平年水质模拟两种方法为手段,优化布局东湖流域内水环境治理措施,验证水环境治理目标可达性。构建水岸同治的灰绿蓝体系,灰色设施,其一为完善区域内污水管网等基础设施体系建设,其二为实施大型初期雨水和溢流污水调蓄设施,实现对大型溢流排口高倍数截流;绿色设施功能以构建滨湖绿色生态屏障,推广海绵城市建设,控制径流,实现雨水净化和削峰减排;结合湖泊蓝线划定和东湖绿道建设,强化蓝色空间管控,实施水系连通,破除调蓄瓶颈。对湖区实施精准切断内源污染,对庙湖、菱角湖、喻家湖实施全面清淤,郭郑湖、后湖实施局部清淤,清淤面积 3.9km²,清淤量 216 万 m³,同时严格控制清淤过程中的二次污染,除对清淤作业面实施隔离外,另外,对底泥脱水后的余水进行处理,确保余水达标排放。对湖区水生态进行初期生境调控,助力湖泊稳态转换和生态恢复,选取示范区开展水生植物修复、水生动物群落结构调整,逐步推进整个湖区水生态修复。东湖水环境治理建管并重,兼顾流域综合管理制度体系建设与一体化智能监管系统建设,以体制保障和智慧监管确保东湖长治久清(图 5.3-2)。

图 5.3-2　东湖水环境提升工程实施效果

工程实施后,水质方面,可有效控制实施范围内的入湖污染负荷,有利于东湖整体水质的提升,到 2023 年后东湖整体水质基本稳定至Ⅲ~Ⅳ类。郭郑湖、汤菱湖、团湖等大湖的综合水质提升尤其明显,子湖水质由"十二五"末的Ⅴ~劣Ⅴ类提升至

2019 年后的Ⅲ类，且部分月份郭郑湖、汤菱湖的水质达到Ⅱ类，为近 40 年来最高水平。水生态方面，经过 10 多年的自然恢复，湖泊水生植物覆盖率由"十二五"末的 2%提高至 2020 年的 3.5%，2023 年底提高至 10%（面积约 320 万 m²），东湖水生态逐渐好转。

5.3.3　涨渡湖水质改善与水生植被修复示范工程

涨渡湖位于武汉市新洲区南部，水域面积 38.21km²，是长江中游地区距长江最近的一块湿地，为市级湿地自然保护区。湖区历史面积曾达 280km²，因大规模围垦及工程建设，湖面面积缩小到如今水平，湖区水体交换有限，周边污染汇入涨渡湖后，通过涨渡湖闸或沐家泾闸向南自排入江。2016 年以前，涨渡湖区水产养殖业发达，湖区内部设有围栏围网养殖，并投加有机粪肥等外源性饲料等，导致湖底淤积大量污染底泥，内源污染严重，水质连年恶化。湖泊水浅、风浪大，水体透明度低，同时受外来物种侵蚀，生物多样性受损。为提高涨渡湖水质、修复湿地生态，选取涨渡湖西北侧区域作为水质改善和水生植被恢复示范区，采取基底改善、生态修复等措施，为远期涨渡湖水系的治理和修复做好技术支撑和示范（图 5.3-3）。

图 5.3-3　涨渡湖水质改善与水生植被修复示范效果

通过实践探索,逐步搭建了一套"岸—水—泥"三位一体的长江大保护河湖修复模式:岸——用净水陶粒柔化岸坡,拦截面源污染,种植挺水、浮叶植物,丰富区域植物种群,削减水浪冲刷;水——投加复合矿物质材料提高水体透明度,并布置生态围隔、水面花岛,减少水体交换,降低流速;泥——水生植物种植区铺设净水陶粒,抑制底泥氮磷污染物释放,改善种植条件,提高水生植物成活率,并配合自主研发产品复合矿物质净水材料、PM-Arundo 耦合净化系统和 FW-MA 原位修复系统,修复面积900 亩,打造了"水下森林"景观。

工程实施后,示范工程区域透明度提升至 1.2m,水质由原先的Ⅴ类提高至Ⅲ类,水生植被覆盖面积达 50%,生长了大量的菱、黑藻、苦草、狐尾藻、睡莲、荇菜等,原有的硬质护坡经柔化处理后,种植了梭鱼草、再力花、鸢尾、芦苇、芦竹等挺水植物,生物多样性增加、水生动物生存环境得到改善,促进了涨渡湖生态系统的恢复。

第6章 长江流域水生态保护与修复

2023年,联盟成员单位深入贯彻落实习近平生态文明思想,建立践行长江流域水生态考核机制,加快推进水生态环境保护由污染防治向系统治理转变,严格执行长江流域重点水域常年禁捕专项行动,扎实推动清理整治河湖库"四乱"问题常态化,积极推进河湖水系连通修复和生物通道恢复,持续加强长江珍稀濒危物种保护工作,动态优化梯级水库生态调度,切实维护长江流域河湖健康生命。

6.1 水生态监测与评估

6.1.1 湖库富营养化监测与评估

（1）三峡水库

2023年,基于三峡工程运行安全综合监测系统——三峡水库重点支流水质监测重点站,开展了三峡水库主要支流（小江、汉丰湖、汝溪河、龙河和御临河）水质水生态的监测工作,监测结果如下:

1）小江

小江共采集到浮游植物种类8门211种,优势种类主要有微囊藻、鱼腥藻、拟柱胞藻、沟链藻、颗粒直链藻极狭变种、直链藻、束丝藻等,浮游植物群落结构特征类型表现为硅藻—绿藻型。浮游植物细胞密度年均值为 $53.02×10^5$ cells/L,变化范围为 $0.44×10^5～350.91×10^5$ cells/L,9月最高,12月最低。浮游植物 Shannon-Wiener 指数年均值为1.7,变化范围为 $1.1～2.6$,说明小江水体整体处于中度污染状态,采用综合营养状态指数法评价小江水体处于中营养至轻度富营养水平。

2)汉丰湖

汉丰湖共采集到浮游植物 8 门 286 种,优势种类主要有颤藻、微囊藻、湖泊鞘丝藻、弯头尖头藻、普通念珠藻、小环藻、尖针杆藻等,浮游植物群落结构特征类型表现为绿藻—硅藻型。浮游植物细胞密度年均值为 53.05×10^5 cells/L,变化范围为 $23.71 \times 10^5 \sim 168.36 \times 10^5$ cells/L,9 月最高,3 月最低。采用综合营养状态指数法评价汉丰湖水体处于贫营养至中度富营养水平。

3)汝溪河

汝溪河共采集到浮游植物 7 门 248 种,以硅藻、绿藻和蓝藻为主,优势种类主要有假鱼腥藻、球衣藻、小环藻、尖针杆藻、实球藻、微孢藻、游丝藻等。浮游植物细胞密度年均值为 14.73×10^5 cells/L,变化范围为 $0.25 \times 10^5 \sim 54.02 \times 10^5$ cells/L,4 月最高,12 月最低。Shannon-Wiener 指数变化范围为 $1.93 \sim 4.81$,采用综合营养状态指数法评价汝溪河水体处于中营养至轻度富营养水平。

4)龙河

龙河共采集到浮游植物 7 门 260 种,优势种类主要有假鱼腥藻、变异直链藻、小环藻、颗粒直链藻、池生微孢藻等,浮游植物群落结构特征类型表现为硅藻—绿藻—蓝藻型。Shannon-Wiener 指数变化范围为 $1.63 \sim 4.71$,采用综合营养状态指数法评价龙河水体处于中营养状态。

5)御临河

御临河优势种类主要有鱼腥藻、衣藻、实球藻、小球藻、微囊藻和十字藻等。Shannon-Wiener 指数年均值为 1.95,变化范围为 $1.30 \sim 2.64$,说明御临河水体为 β-中污染型。

(2)丹江口水库

2023 年,丹江口库区富营养化监测顺利开展,结合流域区域气候、水文、生物、水质参数等历史资料,在丹江口水库内设置 13 个监测断面(汉库 8 个、丹库 5 个),开展浮游植物、水质监测。调查共检出浮游植物 7 门 10 纲 169 种(变种或变型),其中绿藻门 66 种,占总物种数的 39.1%,其次为硅藻门 56 种,占总物种数的 33.1%,蓝藻门 28 种,占总物种数的 16.6%,其他种类为甲藻门 6 种、裸藻门 5 种、金藻门和隐藻门各 4 种。各样点浮游植物物种数为 $9 \sim 44$ 种,平均约 28 种,均以硅藻—绿藻—蓝藻为优势种类为主。从时间上看,各监测断面浮游植物密度由高到低分别为夏季、秋季、春季和冬季,其中,夏季浮游植物密度最高,为 4.0×10^7 cells/L,冬季浮游植物密度最低,为 3.80×10^6 cells/L;从空间上看,汉库浮游植物平均密度(1.83×10^7 cells/L)高于丹库(7.66×10^{6}cells/L)。

在总氮不参评的情况下,丹江口水库各断面水质处于Ⅰ~Ⅲ类,整体以Ⅱ类为主,水质状况良好。其中,除汉库泗河库湾断面以Ⅲ类为主,其他断面全年水质类别均为Ⅰ~Ⅱ类。丹江口库区富营养化状态整体上处于中营养状态,库区总磷、高锰酸盐指数、叶绿素a、透明度对EI值贡献均较小,总氮含量对EI值贡献较大。从时间上,春季到秋季丹库平均EI值呈上升变化趋势,汉库呈先下降后上升的变化趋势。从空间上看,EI值呈现丹库低于汉库趋势。4个季度丹库断面均处于中营养状态,汉库除泗河库湾在夏季、秋季和莫家河在夏季、冬季处于轻度富营养外,其余断面均处于中营养状态。

6.1.2 水生生物监测与评估

(1)水生态考核相关工作进展

按照《长江流域水生态考核试点工作方案(2022—2024年)》规定,2022—2024年开展水生态监测、年度评估和考核试算,为2025年全面开展长江流域水生态考核奠定良好基础。2023年6月,生态环境部会同国家发改委、农业农村部、水利部4部委联合印发《长江流域水生态考核指标评分细则(试行)》(以下简称《评分细则》),标志着建立长江流域水生态考核机制工作迈出了至关重要的一步。水生态考核范围为青海、四川、西藏、云南、重庆、湖北、湖南、江西、安徽、江苏、上海、甘肃、陕西、河南、贵州、广西、浙江等17个省(自治区、直辖市),涉及长江干流、主要支流、重点湖泊和水库等50个水体。

结合2022—2023年评价结果,长江局对水生态考核指标监测评价结果异常水体及水生态问题突出的8个区域、16个水体、46个断面进行现场督导帮扶,形成了各省(自治区、直辖市)对水生态考核评价工作的建议意见清单和典型省(自治区、直辖市)复核水体水生态问题及成因清单,为《评分细则》的进一步优化完善提供技术支撑,为2025年正式开展考核奠定基础。

(2)水生生物监测和水生态评估

长江流域水生态监测工作是水生态试点考核的前提条件,是统筹推进长江水生态保护与修复和建立"三水统筹"(统筹水资源、水环境、水生态治理)新格局的基础工作。2023年,长江局开展了流域浮游动物和大型底栖无脊椎动物监测工作,覆盖范围包括长江干流和雅砻江、嘉陵江、岷江、沱江、汉江、湘江、沅江、赣江等主要支流,以及滇池、太湖、巢湖、鄱阳湖和洞庭湖等重点湖泊。2023年春、秋两季,共派出20组、

80 余人次,历时 110 余天完成 34 个水体 240 个监测点位的采样工作,共采集样品 2200 余个,并已完成鉴定和分析工作。2023 年监测指标除延续的底栖动物、浮游动物外,新增了两项指标,河流增加了着生藻类,湖泊增加了浮游藻类。新增的两项指标可以从更多维度评价长江流域水生态。2023 年水生态监测工作通过标准化监测流程,统一技术规范,加强了质量控制,进一步提升了水生态监测数据质量,为后期水生态考核标准制定奠定坚实的基础。

(3)长江流域典型水域水生生物监测

2023 年,开展赤水河、三峡水库、长江干流宜昌至枝江河段、长江干流枝江至武汉河段、长江中下游干流武汉至安庆河段 5 个区域 20 个断面水生态监测面,采集浮游植物、浮游动物、沿岸带着生藻类、底栖动物和鱼类等水生生物样品并对生物群落特点进行分析。

赤水河水生生物群落结构特征为:浮游植物种类较多,优势类群为硅藻—绿藻型,浮游植物丰度偏高、生物量水平较低,硅藻为多数断面浮游植物生物量的主要贡献者;浮游动物种类组成特点为轮虫—原生动物—枝角类—桡足类,主要是原生动物、轮虫,丰度和生物量水平较低;沿岸带着生硅藻密度和生物量变幅较大;底栖动物以水生昆虫为主;鱼类主要为鲤科类,监测到珍稀、保护鱼类 4 种,长江上游特有鱼类11 种。

三峡水库水生生物群落结构特征为:浮游植物种类较多,优势类群为硅藻—绿藻—蓝藻型,浮游植物丰度和生物量水平较低;浮游动物种类组成特点为轮虫—原生动物—枝角类—桡足类,丰度和生物量较低;沿岸带着生硅藻密度和生物量变幅较大;底栖动物以水生昆虫为主;鱼类主要为鲤科类,监测到珍稀、保护鱼类 3 种,长江上游特有鱼类 4 种。

长江干流宜昌至枝江河段水生生物群落结构特征为:浮游植物种类较多,优势类群为硅藻—绿藻型,浮游植物丰度和生物量水平较低;浮游动物种类偏少,主要组成为原生动物;沿岸带着生硅藻密度和生物量相差不大;底栖动物种类较少,以水生昆虫、软体动物和甲壳动物为主;鱼类主要为鲤科类。

长江干流枝江至武汉河段水生生物群落结构特征为:浮游植物种类较多,优势类群为硅藻—绿藻型,浮游植物丰度和生物量水平较高;浮游动物种类偏少,主要组成为轮虫,丰度和生物量处于较高水平;沿岸带着生硅藻密度和生物量相差不大;底栖动物种类较少,以水生昆虫、软体动物和甲壳动物为主;鱼类主要为鲤科类。

长江干流武汉至安庆河段水生生物群落结构特征为:浮游植物种类较多,优势类群为硅藻—绿藻—蓝藻型,浮游植物丰度和生物量水平较低;浮游动物种类较多,主要组成为轮虫,丰度和生物量水平偏高;沿岸带着生硅藻密度和生物量相差不大,优势种为舟形藻;底栖动物种类较少,以水生昆虫、软体动物和甲壳动物为主。

6.1.3 重大工程水生态监测

(1)三峡工程水生态监测

基于三峡工程运行安全综合监测系统——水生生物多样性监测站,开展宜宾至长江口的鱼类资源、鱼类早期资源、珍稀水生生物、重要洄游性物种、水域环境的监测工作。结果显示:2023年宜宾至常熟河段共监测到鱼类150余种。其中,长江上游特有鱼类29种,日均单船产量的平均值为21.65kg/(船·天),较2022年的20.24kg/(船·天)增加1.41kg/(船·天)。长江中游宜都断面"四大家鱼"鱼卵径流量为311.74亿粒。

(2)南水北调中线工程水生态调查

对南水北调中线输水总干渠开展水质、藻类、鱼类调查监测。2023年总干渠整体水质状况良好,除总氮外,各项指标基本达到或优于地表水Ⅱ类指标。

调查共发现浮游植物种类8门77种,以硅藻种类最多,其次为绿藻,两者均占总种类数的30%以上,其浮游植物群落类型表现为硅藻—绿藻型,为典型的河流浮游植物类型;统计77种藻类在总干渠各采样点的出现频度,将E级频度超过80%以上的定为常见种类,总干渠着生藻类常见属种分别为小环藻、肘状脆杆藻、克洛脆杆藻、尖针杆藻、隐头舟形藻、细小桥湾藻、近缘桥弯藻、微囊藻、栅藻、单角盘星藻具孔变种等;共采集鱼类5目12科30属37种,其中鲤科鱼类种类最多,共23种,占总采集数的62.2%,其次为鳍科鱼类,3种,占8.11%,鳅科鱼类2种,占5.41%,其余银鱼科、鳀科、鮨科、丽鱼科、鳢科、棘鳅科、虾虎鱼科、刺鳅科、鲇科各1种。渔获物中,优势种共有9种,分别是鲫(*Carassius auratus*)、子陵吻虾虎鱼(*Rhinogobius giurinus*)、张氏鳘(*Hemiculter tchangi*)、马口鱼(*Opsariichthys bidens*)、黄颡鱼(*Pelteobagrus fulvidraco*)、大鳍鱊(*Acheilognathus macropterus*)、银鲫(*Silver prussian carp*)、麦穗鱼(*Pseudorasbora parva*)、鲇(*Silurus asotus*),约占渔获物总重量的75%,占总尾数的78%。从分布区域来看,不同渠段的优势种的种类有所差异,其中,陶岔渠段采集到的鱼类种类数最多,为26种;北盘石渠段采集到的鱼类种类数最少,仅2种。

6.2　水生生境保护与修复

6.2.1　生态功能区保护与修复

2023 年是长江十年禁渔全面实施的第三年,退捕渔民安置保障有力,禁捕水域管理秩序平稳,水生生物资源恢复向好,长江十年禁渔工作取得明显成效。

(1)退捕渔民安置保障有力有效

对 23.1 万退捕渔民逐一建档立卡、分类施策、跟踪帮扶,多渠道提升就业社保水平。截至 2023 年底,15.4 万名有就业能力和意愿的退捕渔民全部转产就业,符合参保条件的 22.1 万名退捕渔民全部参加养老保险,已有近 5.1 万名已领取养老保险待遇。退捕渔民安置保障措施总体到位,转产就业和社会保障成果持续巩固。

(2)重点水域禁捕秩序总体稳定

2023 年,农业农村部印发《"中国渔政亮剑 2023"系列专项执法行动方案》,将长江流域重点水域常年禁捕专项行动列为第一项重点执法任务。全年组织沿江 15 个省(直辖市)密集开展专项执法行动,累计出动船艇 15 万艘次、人员 198 万人次,水上巡航超过 550 万 km,陆上巡查超过 1000 万 km,共查办案件 2.74 万件,查获涉案船舶 2105 艘,涉案人员 30644 人,取缔涉渔"三无"船舶 5720 艘,清理非法钓具 12.4 万个。其中,司法移送涉嫌犯罪案件 1778 件、人员 2533 人,分别同比下降 29.5% 和 26.8%;受理非法捕捞举报线索 3799 起,同比减少 28%。实施"亮江工程",视频监控设备基本覆盖长江干流、长江口、鄱阳湖和洞庭湖等重点水域,沿江地区持证渔政执法人员达到 1.04 万人,比 2020 年增加了 5512 人,基本形成了人防技防结合、专管群管并重的执法体系。在高压严管态势下,非法捕捞高发态势得到了有效遏制,禁捕秩序总体稳定。

(3)增殖放流管理逐步完善

6 月 6 日全国"放鱼日"放流长江鲟、胭脂鱼等珍贵濒危物种 95 万尾。指导上海市出台 8 个部门规范民间放生的管理政策文件,指导昆明、重庆、武汉、南京、上海 5 座城市环保公益组织首次联动放流,并进一步加大珍稀濒危物种放流力度,共 22 万尾中华鲟、滇池金线鲃、长江鲟、胭脂鱼、沙塘鳢等珍稀、土著鱼类放流回到长江。

6.2.2 湖库生境保护与修复

持续推进问题整治，巩固"守好一库碧水"专项整治成果。依托河湖长制，全面排查丹江口水库管理范围内的岸线利用项目和水域岸线管理保护突出问题，扎实开展河湖"清四乱"跟踪督导和岸线利用项目排查整治"回头看"，切实维护南水北调工程安全、供水安全和水质安全，助推生态环境保护与高质量发展。依据丹江口水库管理和保护范围划定原则，有序开展界桩、标示牌维护测设工作，完成近 1.1 万个界桩、20座水位标示牌的维护，4 座水位标示牌的主体工程重建，3886 个混凝土界桩、560 座管理和保护范围标示牌、124 个分界界桩的测设，为推动库区管理从"有名有实"转向"有力有效"夯实基础。规范库区日常管理中，强化库区巡查。2023 年累计出动 1832人次、581 车次，巡查里程约 13.94 万 km，累计巡查各类违法违规问题、遥感解译项目、地震、地质灾害监测点等 1925 个（次），有效管控水环境风险。推进数字孪生丹江口先行先试项目的实施并圆满完成该建设任务。

持续开展长江生态环境保护修复驻点跟踪研究（二期）——上海市长江水生态环境保护研究工作，形成清水草型生态系统高效修复技术应用手册，建成马家江复合型人工湿地生态系统生态科普基地。

6.2.3 河流生境保护与修复

持续开展小水电治理行动，保证支流水系生态流量。加强赤水河流域等地小水电清理整改监督管理，巩固、提升清理整改工作成效，截至 2023 年底，赤水河流域云南、贵州和四川 3 个省共拆除小水电 321 座，4 年间拆除小水电数量占赤水河流域小水电总数的 86.1%，剩下的 52 座小水电计划 2024 年底全面退出。随着小水电站密度降低，赤水河流域珍稀特有鱼类的栖息地范围明显扩大，习水河高洞等拆除电站坝址下游和坝址下游江段的鱼类物种数量均稳步增加。持续巩固长江经济带小水电清理整改成果，指导贵州省赤水河流域退出电站 180 座，持续推进小水电绿色改造和现代化提升，推动小水电发展全面绿色转型升级。

加快推动河湖水系连通修复，组织编制《长江干流和重要支流河湖水系连通修复工作方案》。2023 年 3 月，调研安徽省华阳湖杨湾闸、升金湖黄溢闸、菜子湖枞阳闸和西江长江江豚迁地保护基地等水系连通工程规划、设计和建设情况；组织开展 2021—2022 年（第二批）水系连通及水美乡村建设试点县实施情况复核、政策实施情况评估现场调研，涉及江西、湖北、湖南、重庆、四川、西藏等 6 个省（自治区、直辖市）的 17 个试点县。开展升金湖、华阳湖等江湖水系连通工作，为推进长江中下游河湖水系连通和生物通道恢复试点工作奠定坚实基础。

6.3　水生生物资源保护

6.3.1　珍稀水生生物保护

持续全面加强长江珍稀濒危物种保护工作。2023 年,长江鲟天然水域繁殖试验首次成功。长江鲟是长江上游珍稀特有鱼类,属于国家一级重点保护野生动物,2022 年 7 月,世界自然保护联盟(IUCN)宣布长江鲟野外灭绝。中国水产科学研究院长江水产研究所联合四川省、宜宾市水产科研院所等机构,在长江宜宾江安段天然水域开展长江鲟野外繁殖试验,通过流速营造、河床底质铺设等产卵场模拟构建方法,首次完整记录长江鲟产卵、排精、受精等繁殖行为特征。试验投放的 20 尾长江鲟亲鱼(雌、雄各 10 尾)中雌鱼 8 尾、雄鱼 7 尾完成了自然繁殖活动,繁殖率为75%,产卵量超 50 万粒,受精率为 54%,成功孵化出健康鱼苗。此次试验成功,证明了人工保种的长江鲟在野外是可以繁殖的,为长江鲟等珍稀鱼类恢复野外种群奠定了良好基础。

依托三峡珍稀特有水生动物种质资源库活体库,保育了中华鲟、长江鲟、圆口铜鱼、胭脂鱼、岩原鲤、长鳍吻鮈、细鳞裂腹鱼、金沙鲈鲤、大鲵、施氏鲟等国家一级、二级重点保护水生野生动物近 20 种、2 万余尾,重点培育鱼类的亲鱼存活率超过 90%。实施了中华鲟、长江鲟和圆口铜鱼等 8 种鱼类的人工繁育工作,2023 年长江委在武汉、南京、常熟等地累计增殖放流全人工繁殖的"子 2.5 代"中华鲟鱼苗 2600 余尾。组织策划了中华鲟保护日增殖放流、三峡珍稀特有水生动物种质资源活体库探访暨中华鲟体检观摩等大型科普教育与参观活动,得到了中央电视台、《湖北日报》《长江日报》、极目新闻、《武汉日报》等多家媒体的宣传报道,取得了良好的社会反响。

全面实施长江生态环保工作,持续开展长江珍稀特有鱼类研究保护,连续攻克了100 多种长江珍稀特有鱼类的规模化人工养殖技术,系统化构建了长江珍稀特有鱼类人工种群梯队;突破了 20 种长江珍稀特有鱼类人工繁育及苗种规模化培育技术瓶颈,建立了规范化的人工繁育技术体系,形成了批量繁育放流长江珍稀特有鱼类的能力和水平。已建成全国范围内品种最全的长江珍稀特有鱼类种质资源库,收集驯养长江珍稀特有鱼类活体种质样本 120 种,保存了 200 余种长江鱼类的离体种质样本。2023 年,三峡集团累计增殖放流"子二代"中华鲟 20 万余尾,长江鲟 66.8 万余尾,圆口铜鱼 20 万余尾,长鳍吻鮈 10 万余尾。

6.3.2 梯级水库生态调度

在 2022 年三峡水库未蓄满及 2023 年消落期长江上游天然来水持续偏枯等不利因素影响下,按照生态调度试验方案,2023 年在长江流域梯级水库先后开展叠梁门分层取水、针对产黏沉性卵鱼类、促进产漂流性卵鱼类自然繁殖等 3 类 12 次生态调度试验及效果监测工作,调度成效显著。其中,乌东德、白鹤滩水库均开展了叠梁门分层取水和针对产黏沉性卵鱼类的生态调度试验;溪洛渡水库开展了叠梁门分层取水生态调度试验;乌东德、向家坝水库均开展了促进产漂流性卵鱼类自然繁殖生态调度试验;三峡水库开展了针对产黏沉性卵鱼类和促进产漂流性卵鱼类自然繁殖的生态调度试验。2020 年以来连续第 4 年开展汉江丹江口至王甫洲江段生态调度试验。各生态调度区域的监测与评估结果如下:

(1)三峡水库

2023 年连续第 4 年开展了针对库区产黏沉性卵鱼类繁殖的生态调度试验,4 月 17—21 日、4 月 28 日至 5 月 3 日两次生态调度期间,三峡库区支流磨刀溪和小江江段总产卵规模为 1.98 亿粒,出现鲤、鲫、鲇等鱼类的产卵孵化高峰。

2023 年连续第 13 年开展了促进坝下产漂流性卵鱼类自然繁殖的生态调度试验,5 月 28 日至 6 月 4 日、7 月 3—7 日两次生态调度试验期间,三峡坝下宜都、沙市断面"四大家鱼"鱼卵径流量达 146 亿粒、98 亿粒,为 2011 年生态调度试验以来的最高值。

(2)金沙江中下游

1)乌东德水库

2022 年 12 月 13 日至 2023 年 5 月 14 日开展了叠梁门分层取水生态调度试验,其间乌东德下泄水温平均改善效果为 0.59℃,其中未分层期(3 月 1—30 日)为 0.23℃、分层期(3 月 24 日至 4 月 23 日)为 0.68℃。

2023 年 4 月 6—12 日开展了针对产黏沉性卵鱼类的基荷发电生态调度试验,其间乌东德坝下水位日变幅相对非调度期显著下降。鲤、鳌、中华纹胸鳅、鲇、大口鲇、西昌白鱼等 6 种产黏沉性卵鱼类,在坝下 18km、28km 监测断面的鱼类产卵规模分别约 37.4 万粒、20.8 万粒,超过整个监测期间产卵规模的 40%。

5 月 20—29 日开展了促进产漂流性卵鱼类自然繁殖人造洪峰生态调度试验,长鳍吻鮈、蛇鮈、裸体异鳔鳅鮀、中华金沙鳅、犁头鳅等 9 种产漂流性卵鱼类,在坝下 18km、28km 监测断面的鱼卵径流量分别约 203.7 万粒、154.0 万粒,生态调度期间均出现产卵高峰。

2）白鹤滩水库

2022 年 12 月 13 日至 2023 年 5 月 4 日开展了叠梁门分层取水生态调度试验,试验采取 16 台机组落 3 层叠梁门的调度方式。叠梁门稳定运行期间,白鹤滩下泄水温平均改善效果为 0.17℃,其中未分层期(2 月 25 日至 3 月 11 日)为 0.06℃、分层期(3月 12 日至 4 月 11 日)为 0.23℃。

2023 年 3 月 16—25 日、4 月 7—14 日先后实施了 2 次促进坝下江段产黏沉性卵鱼类繁殖的基荷发电生态调度试验。鳘、鲤、大口鲇、鲇、红鳍鲌、波氏吻鰕虎鱼等 6 种产黏沉性卵鱼类,在坝下 15km、19km 鱼类产卵共规模分别约 68.5 万粒、177.4 万粒。

3）溪洛渡水库

2023 年 1 月 1 日至 4 月 20 日开展了叠梁门分层取水生态调度试验,试验采取左岸 9 台机组落 1 层叠梁门的调度方式。叠梁门稳定运行期间,溪洛渡下泄水温平均改善效果为 0.13℃,其中未分层期(1 月 16 日至 3 月 9 日)为 0.05℃、分层期(3 月 10日至 4 月 7 日)为 0.3℃。

4）向家坝水库

2023 年 5 月 28—31 日开展了促进产漂流性卵鱼类自然繁殖人造洪峰生态调度试验,向家坝坝下产漂流性卵鱼类包括吻鮈、圆筒吻鮈、长鳍吻鮈、宜昌鳅鮀、银飘鱼、银鮈、铜鱼和异鳔鳅鮀 8 种。

生态调度期间,宜宾、合江、江津断面鱼卵径流量分别为 182.0 万粒、168.0 万粒、772.0 万粒,产漂流性卵鱼类自然繁殖对生态调度涨水过程有一定响应。

(3)汉江中下游

2023 年连续第 4 年开展汉江丹江口至王甫洲江段生态调度试验。试验期间,有效抑制了区间伊乐藻过度增长,改善了汉江中下游水生态环境。

6.4　典型案例

6.4.1　黑水河鱼类栖息地生态修复工程

黑水河鱼类栖息地生态修复工程是国务院批复的《长江经济带生态环境保护规划》中明确的生态修复示范项目,于 2019 年正式开工建设。作为金沙江下游白鹤滩库区干流鱼类的重要替代生境和优先保护支流,黑水河具备极高的鱼类生物多样性,开展黑水河鱼类栖息地生态修复工程是落实金沙江下游水电站梯级开发生态保护的重要举措。该工程主要包括对苏家湾、公德房、松新 3 个水电站,采取增设过鱼设施拆除老木河电站闸坝、下泄生态流量、修复减水河段生境鱼类增殖放流等措施,同时开展跟踪监测与措施效果评估该项目,保护和丰富区域鱼类资源,并依托工程和科研措施带动区域生态环境修复与改善。

黑水河鱼类栖息地生态修复工程系统研发集"鱼类生活史追踪及栖息地微生境模拟技术、水生生物网络健康诊断关键技术、受损生境的保护修复关键技术以及河流水生态健康评价技术体系"为一体的山区河流生境修复的整装成套技术。并于 2023 年启动"黑水河裂腹鱼类生活史追踪及产卵场物理生境模拟研究",完成了黑水河水生生境、水生生物资源的调查,以及黑水河裂腹鱼栖息地物理生境特征等研究工作(图 6.4-1)。

图 6.4-1 裂腹鱼栖息地河段生境特征

根据前期生态修复效果,裂腹鱼等鱼类栖息地质量虽然有所提升,但是未发现自然产卵现象。通过利用鱼类三维高精度轨迹定位(VPS)和水上水下视频监控等方法在黑水河支流天然河道开展受控河段裂腹鱼轨迹追踪及自然产卵试验,突破性实现了裂腹鱼在野外的自然繁殖。裂腹鱼自然繁殖试验的成功,有效补充了黑水河栖息地修复工作中目标保护鱼类生物学和仿生境研究的空白,对黑水河长江上游珍稀特有鱼类生态试验场的建设工作有着重要意义,一套可复制、可推广的鱼类仿自然生境营造技术模式初现雏形,也为其他长江上游特有鱼类栖息地修复工程提供了有力参考借鉴(图 6.4-2)。

图 6.4-2　黑水河生态试验场及裂腹鱼产卵监控

6.4.2　中华鲟等珍稀特有鱼类物种保护

按照"中、青、幼"相结合的科学放流策略科学开展长江三峡中华鲟放流活动，放流子二代中华鲟年龄跨度从 0.5～14 岁，为促进中华鲟自然种群恢复创造有利条件，平衡野外中华鲟雌雄比例失调问题（图 6.4-3）。此外，全年在四川宜宾、云南乌东德等多地组织开展珍稀鱼类社会化放流活动，累计放流长江鲟 67 万尾、圆口铜鱼 20 万尾、其他珍稀特有鱼类 127 万尾。

图 6.4-3　2023 年中华鲟社会化放流

经历多轮测序和组装的反复探索,克服各类技术难题,在全球首次实现了复杂八倍体动物中华鲟的全基因组测序和组装。作为复杂多倍体,中华鲟基因组包含 264 条染色体且半数染色体为微小染色体,相较于包含 46 条染色体的二倍体人类基因组,有极高的复杂度。其基因组的破译成功,为更好地开展中华鲟等鲟形目鱼类的基因组学、遗传育种、种质保护、多倍体进化等研究提供重要理论和数据支撑。

据统计,2023 年中华鲟繁殖出苗突破 120 万尾,长江鲟 80 万尾,圆口铜鱼 28 万尾,长鳍吻鮈 25 万尾。此外,长薄鳅、裸体鳅鲀两种珍稀鱼类也首次实现野生个体的催产繁殖,其中,长薄鳅繁殖出苗 3 万尾、裸体鳅鲀 2 万尾。

6.4.3 赤水河流域七星关区沔鱼河新庄生态系统治理修复工程

赤水河流域沔鱼河是珍稀特有鱼类"四鳃鱼"的两大产地之一。四鳃鱼又名沔鱼、贡鱼,主要生活在山区溪流、暗河、河沟等较清澈的水体中,但近年来沔鱼河水环境被污染破坏,导致生存环境越来越狭窄,且渔获物个体趋于低质化、低龄化、小型化,接近灭绝。沔鱼河流经新庄村、沔鱼河村,该河段周边生活污染、农田面源污染等各种污染因素相互交织,对沔鱼河水环境质量造成恶劣影响,对该区域进行生态环境系统治理已迫在眉睫。

赤水河流域七星关区沔鱼河新庄生态系统治理修复工程积极坚持践行山水林田湖草系统治理理念,着力攻坚对污染区域开展系统综合整治。结合本底情况调查分析,确立多元素系统化综合整治技术路线,并着力推进落实以下措施:①污水收集。新建污水主管、化粪池等,对村庄生活污水进行收集,接管到户,减少生活污水直排对生态环境造成的影响。②改厕及改圈。结合"厕所革命"改革要求,将"旱厕"改为"水厕",综合治理厕所粪污;为区域内散户养殖新建化粪池,降低养殖废水直排入河的影响。③垃圾处置。新庄村、沔鱼河村及龙洞村内生活垃圾散乱放置,随意倾倒,无垃圾收集转运站点,部分区域垃圾长期堆积,散发明显异味,新建垃圾收集站点及配套设施,减少垃圾污染的产生。④农村湿地生态园建设。新庄村、沔鱼河村、龙洞村距离乡镇污水处理厂较远,污水无法运送到污水处理厂进行处理,通过建设农村湿地生态园,利用人工湿地系统和生态塘对收集的生活污水进行净化后达标排放。⑤水土流失治理。通过河堤岸线修复、排洪沟修建、生态护坡建设、河道疏浚、水土保持等措施,减少流域范围内的水土流失,减少地表水力侵蚀和土地生产力的损失,同时疏浚河道,保证河道行洪安全。⑥农田面源治理。修建生态植草沟、生态缓冲带,对灌溉尾水进行净化(图 6.4-4)。

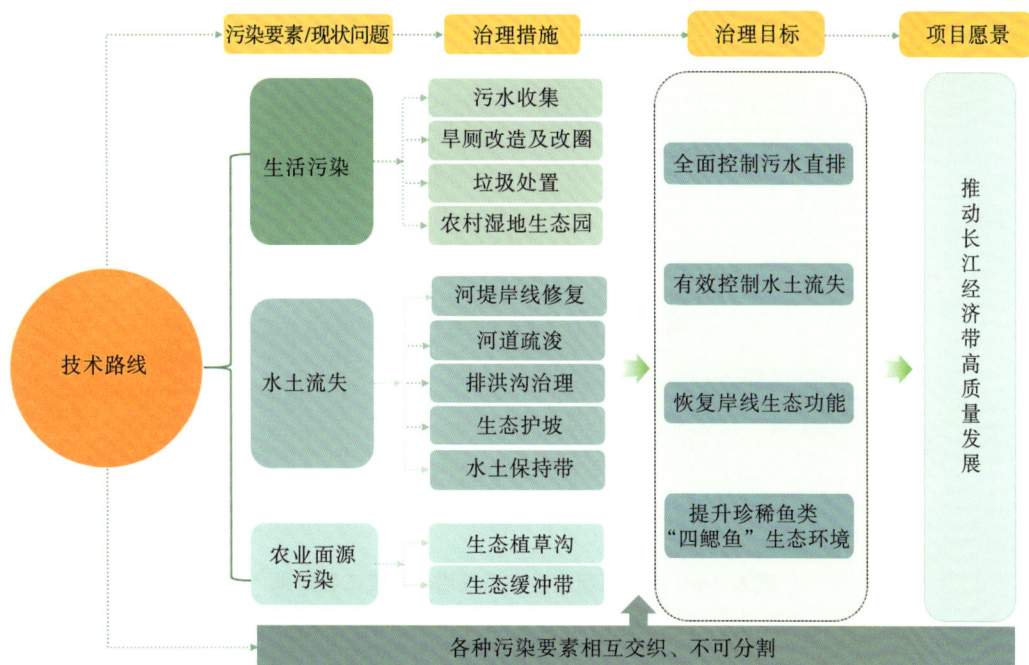

图 6.4-4 总体思路及技术路线

该工程实施后,沅鱼河新庄村、沅鱼河村、龙洞村段流域范围内生活污水、垃圾污染、农田面源污染均得到全面处理,岸线生态修复成效明显,水土流失得到控制,流域内污染逐步减少,四鳃鱼生长繁殖环境持续改善,赤水河流域生态环境保护治理的质量和效率稳步提升,生态效益显著增长(图 6.4-5、图 6.4-6)。

图 6.4-5 沅鱼河新庄生态系统治理修复工程现状

图 6.4-6 沔鱼河新庄生态系统治理修复工程效果

图例
❶ 生态科普廊台
❷ 生态护坡
❸ 生态廊道
❹ 生态保持带
❺ 生态塘
❻ 生态科普园
❼ 污水收集管网
❽ 排洪沟治理
❾ 农业面源治理
❿ 农村湿地生态园
⓫ 改厕及畜禽养殖治理

第7章　长江流域综合管理

2023年,联盟成员单位有序构建以《中华人民共和国长江保护法》为统领、相关法律法规和政策文件为支撑的共抓长江大保护和推动长江经济带高质量发展的法律制度体系,陆续制定《长江流域控制性水工程联合调度管理办法(试行)》、配合修订《长江河道采砂管理条例》、出台《长江船舶污染防治条例》等地方性法规,并把法律制度优势转化为治理效能,积极开展水利监督检查、生态环境监督执法和航运综合执法,长江水文化建设机制有序完善、文化平台逐步扩展、内涵形式持续丰富,长江流域综合管理工作不断走深走实。

7.1　法律法规及制度建设

7.1.1　完善《中华人民共和国长江保护法》配套法规制度

配合修订《长江河道采砂管理条例》,条例已通过国务院审议并施行。落实《中华人民共和国长江保护法》对长江流域控制性水工程联合调度管理要求,配合水利部制定出台的《长江流域控制性水工程联合调度管理办法(试行)》于2023年3月1日起正式施行,将长江流域控制性水工程的调度权责、程序等上升为制度措施,是保障控制性水工程在流域水旱灾害防御、水资源利用、水生态保护中发挥重要作用的关键配套法规。《长江流域控制性水工程联合调度管理办法(试行)》明确了长江流域干流和重要支流、重要湖泊控制性水工程防洪、水量、生态与应急等统一调度管理制度和相关机制,进一步推动长江流域防洪调度、水资源调度和生态调度走上法治化轨道。

7.1.2　配合修订水利相关法律法规

编制《中华人民共和国防洪法》修订工作方案,开展实施情况调研,完善条文修订内容,《中华人民共和国防洪法》修订已纳入十四届全国人大常委会立法规划。对《中华人民共和国水法》修订草案稿提出修改完善建议。开展丹江口水库及上游流域保护立法研究调研,完成立法论证报告。梳理完成现行有效流域规范性文件 14 件,完成《水利部长江水利委员会水资源调度管理实施细则》报水利部备案。完成全国人大议案、全国政协提案的答复意见 4 件,对全国人大代表建议设立长江上游生态保护法院提出意见建议。对《中华人民共和国青藏高原生态保护法》等 10 余部法律法规草案提出修改建议。

7.1.3　健全长江航运法治体系建设

健全长江航运制度规范,新制定 2 项行政规范性文件,废止行政规范性文件 6 项,动态更新发布现行有效文件目录。拟订《关于加强长江干散货运输市场运力结构优化的指导意见》,促进与其他相关法律制度的有效衔接。长江海事局印发《水上水下作业和活动通航安全管理实施办法》《船舶引航安全监督管理办法》《航运公司安全与防污染监督检查办法》等,进一步规范管理,提升水域安全与防污染管理水平。长江口航道管理局聚焦航政管理服务堵点难点,出台《2023 版航政管理服务一览表》《航道基本公共服务工作指南》和《长江口航道公共服务需求响应管理办法》,细化 16 步服务流程,明确 16 项服务标准,进一步加强航政管理规范化、制度化。重庆修订《航道管理条例》,从制度建设、深化改革、职责划分、强化协调联动和监督管理等方面进行了完善。

协同推进《中华人民共和国长江保护法》《中华人民共和国海商法》《中华人民共和国港口法》《中华人民共和国交通运输法》《中华人民共和国国际海运条例》《中华人民共和国内河交通安全管理条例》《中华人民共和国自然保护区条例》等重点法规规章和港口危险货物安全管理规定等部门规章制(修)订,积极在立法中反映长江航运发展的客观需求,为行业发展保驾护航。各省(自治区、直辖市)推进"立改废"工作,上海、江苏、安徽出台长江船舶污染防治条例等地方性法规,《安徽省长江船舶污染防治条例》颁布实施获评安徽省 2023 年度"十大法治事件"提名奖;湖北、重庆等地已将长江船舶污染防治管理纳入地方立法计划;《四川省航道条例》《四川省水路交通管理条例》修订纳入立法规划;《云南省航道管理规定》完成修订送审稿审查。

7.2　监督管理与执法

7.2.1　水利监督检查

(1)在水行政管理日常监督检查方面

共开展各类监督事项 25 项,累计派出检查组 289 组次、1096 人次,发现问题 2081 个,上报成果报告 81 份,印发"一省一单"53 份。现场抽查江苏等 5 个省 56 个水源地安全保障建设情况,开展 25 个水源地全指标监督性水质监测,发现问题 21 条,印发问题清单,督促责任省份整改;开展流域责任片区水库、水闸和堤防险工险段安全运行监督检查以及小型水库除险加固和监测设施建设监督检查,印发"一省一单",持续督促地方整改落实;对西藏等 6 个省(自治区、直辖市)开展河湖"清四乱"、河湖管理、河湖长履职尽责、水域岸线利用等监督检查,跟踪指导地方推进问题整改;开展西藏、贵州、四川、重庆、湖北、湖南和江西等 7 个省(自治区、直辖市)省级水土保持监督管理履职监督检查;开展南水北调中线工程安全运行的年度监督检查,对责任片区西藏、贵州、四川、重庆、湖北、湖南和江西等 7 个省(自治区、直辖市)开展 2 轮督导检查;开展西藏帕孜水利枢纽及配套灌区工程、陆水水库除险加固工程等 7 项国家重大水利工程及委属水利工程质量监督工作,完成水利部安排的责任片区西藏、贵州、四川、重庆、湖北、湖南和江西等 7 个省(自治区、直辖市)省级水行政主管部门质量监督履职巡查"回头看"工作;聚焦问题开展项目稽察,完成对长江流域西藏、贵州、四川、重庆、湖北、湖南和江西等 7 个省(自治区、直辖市)23 个大中型水库除险加固和中小河流治理项目的稽查"回头看",共复核问题 530 个,新发现问题 40 个,完成 7 份稽查报告和 1 份年度总结报告;对西藏、贵州、四川、重庆、湖北、湖南和江西等 7 个省(自治区、直辖市)组织开展年度节约用水监督检查,现场检查 47 个水行政主管部门、140 家用水单位。

(2)在行政许可监管和执法方面

对 253 个洪水影响评价类审批项目开展现场检查;对 83 个取水项目开展"双随机"监督检查并公示结果;配合水利部开展水利工程建设监理单位和甲级质量检测单位"双随机"抽查;开展长江干流、洞庭湖区、鄱阳湖区,以及三峡、丹江口、陆水、皂市水库等综合执法现场监督检查 70 余次;排查卫星影像解译发现的疑似水事违法项目 225 个;核查回复汉江郧阳段河道内违规建房等 7 起举报事项;保持省际边界重点河段非法采砂高压严打态势,全年开展巡江执法 1426 次,累计出动执法人员 8029 人次;开展河湖安全保护专项执法行动,成立专项执法行动领导小组;全面开展水事违法线索排查,累计排查线索 238 条,立案查处 5 件,向有关省级水行政主管部门移交线索 66 条;对湖北、四川省开展现场执法监督。编制水行政执法文书制作指南,修订水行政执法错案责任追究制度,开展水行政执法事项清单编制。完成水政监察基础设施建设(三期)赣皖大队执法船建设、无人机采购,建设陆水水库执法码头。

(3)在长江采砂管理方面

公告长江干流 9 个省(直辖市)采砂管理责任人名单,对春节等重点时段采砂管理工作作出部署;对 19 个规划可采区、12 个航道疏浚砂利用项目进行现场检查;组织核查 5 起涉砂举报并约谈相关责任人,对媒体反映涉砂问题开展调研,开展巡江检查 4 次,暗访 29 次,检查 23 个采砂船集中停靠点;联合有关省(直辖市)开展苏沪、鄂赣皖交界水域巡江执法,联合长航公安局开展黄石至芜湖段非法采砂违法犯罪专项整治;指导沿江各地开展专项执法 3114 次,查获非法作业采砂船 17 艘,拆除 45 艘,移送司法 13 起;开发长江采砂管理系统涉砂案件信息填报模块,组织开展 19 个省(自治区、直辖市)专题培训,推进各地电子四联单信息平台建设。深化部门合作,联合长航公安、海事、渔政及基层水利等部门开展省际边界河段采砂管理和渔政执法 91 次,出动执法人员 1790 人次、执法艇 211 艘次。依法许可审批,长江委批复规划保留区转化 3 项。沿江各省(直辖市)许可规划可采区 43 个,许可采砂总量 2950.5 万 t;实施可采区 46 个,采砂总量 2258.2 万 t。规范河道、航道疏浚砂综合利用,各地疏浚砂利用项目 41 个,利用砂石 2573.6 万 t。

(4)在河湖管理保护方面

积极推进实施 7 个国家级幸福河湖建设项目。完成长江流域片全国第一次水利普查名录内河湖名录抽查复核,抽查河湖 5300 多个;组织涉河建设项目洪水影响评价报告专家评审 206 项,办理涉河建设项目许可 218 项,服务满意率 100%;根据水利部部署,完成河湖长制落实情况监督检查;开展妨碍河道行洪突出问题排查整治情况抽查检查;推进智慧河湖建设,收集涉河建设项目、岸线规划、采砂规划等成果并上图。

7.2.2　法治宣传教育

深入学习贯彻《地下水管理条例》和水利部、自然资源部于 2023 年 6 月 28 日联合印发实施的《地下水保护利用管理办法》,着力夯实地下水保护合力;《中华人民共和国长江保护法》实施两周年之际,制作宣传专版,组织召开座谈会,持续加大宣传力度、丰富宣传方式;编写刊发《长江流域控制性水工程联合调度管理办法(试行)》相关解读,并通过各种媒介予以积极宣传,全面推动该办法贯彻落实,切实推进联合调度法治化、制度化、规范化建设,充分发挥长江流域控制性水工程综合效益;创建"江小法"法治宣传品牌,统筹法治宣传力量实现品牌共推共建,全方位记录长江航运法治建设进程,充分展示长江航运系统法治建设成效,持续开展"以案释法"活动,充分发挥示范带动作用;开展 2023 年"世界水日""中国水周"主题宣传活动,组织开展"全民国家安全教育日""民法典宣传月""全国生态日""国家宪法日""宪法宣传周"等普法宣传活动,持续组织开展预防非职务犯罪宣传教育,通过发放宣传单、张贴宣传海报、悬挂宣传横幅、播放宣传视频、组织专题讲座、开展法律咨询等方式铺开普法宣传,结合各类网络答题、开设网站专题、"两微一端"转发学习文章、推送普法公益短信等方式强化线上学习宣传,不断推动普法工作往深里走、往实里走;积极推进水利法治基地建设,组织全国水利法治宣传教育基地申报。

7.2.3　流域生态环境监督执法

长江局督促加快推进流域规划批复与实施,完成重点流域规划目标和任务分解,开展 6 个省(直辖市)32 个地市规划实施情况调研。长江流域 19 个省级规划已全部印发,92 个地市(州)级规划已印发,占地市规划数量的 70.2%;规划主要任务实施进度过半,达到序时进度要求。加强入河排污口监督管理和督导调度。对 14 个经长江局审批的入河排污口开展监督检查,首次对违反批复要求的行为开展现场执法调查,并督促地方落实监管和执法主体责任。建立入河排污口动态管理台账,现场抽查 7 省 151 个入河排污口,开展 2 个地市排污口整治效果试评估。强化"三线一单"分区管控。对赤水河流域 3 省 4 市 15 个点位开展现场调研,编制完成赤水河流域生态环境分区管控方案等成果。支撑美丽河湖评定工作。组织开展美丽河湖问题核查现场调研,编制完成推进长江流域美丽河湖保护与建设调研报告。

长江局对长江流域片集中式饮用水水源地规范化建设情况和基础信息开展抽查工作,对 181 个水源地规范化建设情况进行督导帮扶,发现 133 个水源地 6 类问题,提出有关建议反馈相关省厅。开展黑臭水体、污染源暗访核查。对 117 处城市黑臭水体、67 个污水处理设施开展现场检查,发现的问题交办地方并调度整改情况,完成问题整改 46 项,指导地方生态环境部门立案调查 11 起。开展环评及排污许可监督。调研检查 5 个水电建设项目生态环境保护措施落实情况,核查 38 家重点排污单位排污许可执行情况,现场反馈相关问题及有关建议。督促做好尾矿库污染治理和新污染物风险防控。对 7 省 63 座尾矿库开展监督检查及回头看抽查，反馈问题 110 项，推动完成整改及正在整改问题 71 项。督促指导新污染物治理与环境风险防控，探索测管协同监管模式，推动地方严格落实管控措施。开展农村生态环境保护调研评估。完成 4 个省（自治区）303 个行政村庄农村环境整治、污水处理设施运行和黑臭水体整治情况调研评估，完成 2 个省受污染耕地安全利用现场调研评估。

7.2.4　长江航运综合执法

长航局深化执法协作机制，与最高人民检察院、长江委及四川、重庆、湖北、江苏等省（直辖市）人民政府深入交流，在保护长江生态、促进经济发展、完善搜救机制、协同联动保障等方面达成广泛共识、合力解决重难点问题。海事部门贯彻落实《运输船舶违法违规信息跨区域跨部门通报专项治理行动方案》，形成多方齐抓共管的综合监管执法格局。地方各级交通运输部门积极落实深化交通运输综合行政执法改革各项任务，持续推进落实改革"后半篇"文章，理顺职能配置、优化队伍结构、提升素质能力、完善运行机制、提高监管效能，加快形成权责统一、权威高效、监管有力、服务优质的交通运输综合行政执法体制。长江三角洲地区等签订《区域一体化交通运输综合行政执法协作合作协议》。安徽印发《关于全面推行交通执法 123 新模式促进交通运输行政执法事业高质量发展的意见》，全面提升交通运输行政执法能力和水平。四川省、重庆市签署水路交通运输执法合作协议，建立川渝水路交通执法部门协调联动、信息共享长效机制。

组织开展 2023 年综合执法检查，通过暗访基层执法站所、核查处理问题线索、查阅资料案卷、抽考执法人员、座谈调研等方式，以督促进、以查促改，进一步规范执法行为。长江海事局加强海事队伍风纪建设，持续严肃风纪教育整顿工作。江苏海事局常态化开展行政执法廉洁回访，健全政风社会监督员、执法督察信息员队伍，创新建成亲清服务保障系统。

聚焦执法队伍素质能力短板弱项，通过举办培训班等方式，以点带面推动执法队伍素质能力整体提升。长江三角洲地区等试点单位开展区域执法协作试点示范，推动政策制度协同，加强数据信息共享和执法联勤联动。加强部省执法综合管理信息系统联网对接，为执法监管协同联动提供数据支撑。云南省强化干部专业能力建设，着力培养行业技术人才，全年共组织开展业务培训 8 期，轮训全省航务海事人员 380 余人次。

7.3　水文化建设

7.3.1　机制体制建设

2023 年 10 月,习近平总书记主持召开进一步推动长江经济带高质量发展座谈会,强调"深入发掘长江文化的时代价值,推出更多体现新时代长江文化的文艺精品"。长江委联合长航局、长江办、长江局、水利部太湖流域管理局、三峡集团共同发起,由长江水文化所涉及领域和区域相关行政管理部门、高校与科研机构、企事业单位、社会团体共 59 家单位组建长江水文化建设联盟,搭建具有流域特点和长江特色的水文化建设平台,并于 2023 年聘请相关领域知名专家学者担任首批水文化专家,为联盟发展提供专业技术指导。落实《"十四五"水文化建设规划》,大力推动水文化遗产保护,开展流域古渠、古堰、古站等水文化遗迹调查,收集汇总水文化遗产数据并建立数据库。

7.3.2　资源渠道融合

长江水文化中心与中共武汉市委宣传部、武汉大学国家文化发展研究院、湖北省国家文化公园专家咨询委员会、湖北省社会科学院、武汉市社会科学院、武汉市文旅局于 2023 年 11 月 27 日共同承办以"中华民族现代文明与长江文化"为主题的第三届长江文化学术研讨会;积极开展水利工程水文化建设试点工作,编制汉江集团汉江水文化建设实施方案,形成"一带二区十景"的水文化建设规划,相继完成水法治和水情教育走廊、光辉岁月宣传栏、水脉图等水文化项目,丹江口水利枢纽工程获评第四届水工程与水文化有机融合典型案例;深入发掘丹江口水利枢纽等已建水利工程和其他在建水利工程的文化内涵和文化价值,在水文化的传播模式上独辟蹊径,推出汉江流域的数字孪生文化板块,从物理空间走向虚拟空间、元宇宙等;重点推进汉口、宜昌、沙市、城陵矶等国家重要水文站的文化提升工作,汉口水文站获选第五批国家水情教育基地;入选水利部宣传教育中心的《三峡工程文化重点课题研究》,以及入选湖北省文旅厅的长江国家文化公园建设研究课题重点项目"湖北长江水利文化与航运史研究整理"已顺利通过结题验收。

7.3.3　多元媒介齐鸣

以"世界水日""中国水周"为切入点,组织开展"文学点亮新乡村"等形式多样、丰富多彩的水文化活动,开展"世界水日"长江文明馆云看展直播活动、节水护水"六进"系列宣传活动、2023 年全国科普日节水科普宣传活动。先后参与了水利部《"十四五"水文化建设规划》《国家水利遗产编制导则》《长江渔文化发展规划》;派员出席中国国家画院长江主题美术作品展学术研讨会、江苏省水文化建设研讨座谈会、长江国家文化公园武汉段建设媒体峰会,做客武汉市江滩大讲堂第四期,作《长江国家文化公园与治水文化》主题分享;聚焦长江保护治理成效,创新传播方式,推动形成了一批水文化研究成果和长江文化系列丛书,编撰出版《汉江流域文化遗产·物质卷》《汉江流域文化遗产·非物质卷》;长江出版社出版的《长江河湖大典》和《长江巨变70年丛书》荣获"第五届湖北出版政府奖"图书奖,《长江文化史》和《长江三峡水利枢纽建筑物设计及施工技术》荣获"第八届中华优秀出版物奖",《长江这10年》入选2023年主题出版重点出版物选题;联合中国作家协会、中国报告文学学会、江西省文联共同举办反映长江流域文明的重大主题的长篇报告文学《和平长江》图书首发式,配合其申报全国"五个一工程"项目;制作推出了一批富有感染力和影响力的新媒体产品:动画视频《一滴水的北上之旅——南水北调中线调水500亿》荣获"网络正能量音视频"精品荣誉以及2023"讲好中国故事"创意传播国际大赛湖北分站赛二等奖,此外,科普动漫《今天你节水了吗?》荣获华东地区暨全国部分省市微视频(微电影)作品大赛好作品奖;南水北调中线工程通水9年之际,先后推出《北流长歌》MV、诗朗诵《南水北调中线水源赋》等原创作品,从中央到地方,各大媒体纷纷转载。

第8章　智慧长江建设

2023年,联盟成员单位深入贯彻习近平总书记关于网络强国的重要思想,积极践行发展新质生产力要求,强化数字孪生长江框架建设和试点成果集成,新一代长江流域气象业务一体化工作平台投入运行,以长江航道智慧化、绿色化、融合化转型高水平支撑"131"智慧航运建设提质增效,长江流域治理与保护工作的信息化程度持续增长、智慧化水平稳步提升。

8.1　智慧水利

8.1.1　数字孪生先行先试

2023年是数字孪生水利建设先行先试任务全面收官的一年。按照"需求牵引、应用至上、数字赋能、提升能力"的要求,数字孪生长江建设取得重要成果,数字孪生丹江口、汉江、江垭皂市、三峡等先行先试任务全面完成。数字孪生丹江口初步实现具有"四预"功能的2.0版,并成功应用于丹江口汛末170m蓄水全过程,实现大坝性态、库岸稳定、水质状况的同步跟踪与动态推演。数字孪生汉江成功应用于南水北调中线水量调度计划编制与计划滚动执行,为南水北调供水有序开展提供了重要保障。数字孪生江垭皂市平台有力支撑长江委2023年水库防汛抢险应急演练。数字孪生三峡工程建设取得重要阶段性成果,有力支撑了"1999＋"洪水调度演练。全国首个数字孪生流域建设重大项目长江流域全覆盖水监控系统建设项目开工,流域L2级底板地理空间数据建设工作基本完成,流域水文站网全线提档升级,智慧水文监测系统全面投产,长江流域控制性水利工程综合调度系统通过验收。

数字孪生三峡、南水北调中线 1.0、丹江口、峡江水利枢纽工程等项目,成功入选《数字孪生水利建设十大样板名单(2023 年)》。数字孪生三峡防洪预报调度互馈技术、面向数字化交付的工程建设管理系统、物理机制与多维监测信息融合驱动的数字孪生丹江口大坝安全模型及"四预"业务、大型泵站机组的智能感知与预测性维护创新应用、乐安河流域基于数字孪生的雨水情监测预报"三道防线"构建等关键技术,在防洪调度、水资源调度、工程建设与运行管理、雨水情监测预报等领域成功应用于工作实践,入选《数字孪生水利建设典型案例名录(2023)》。

8.1.2 智慧水利重点项目

(1)长江流域控制性水利工程综合调度系统

长江流域控制性水利工程综合调度系统完工验收。系统围绕防洪、水量、泥沙、生态水量、水生态及应急等各类调度工作,汇集流域、干流、支流各处的水位、流量,流域内堤防、水库、蓄滞洪区、洲滩民垸等防洪工程信息,强化大数据分析应用支撑,集合流域情势分析、流域水模拟和调度业务分析等主要功能,支持防洪、水量、泥沙、水生态等 9 大调度业务。该系统的运用,进一步提高了长江流域调度决策智能化水平,进一步强化流域水工程统一联合调度。在长江流域控制性水利工程综合调度系统的精准支撑下,丹江口水库水位加高后继 2021 年以来第二次蓄满至 170m 正常蓄水位,并维持在 169.95～170.00m 安全运行 24 天。此外,该系统还支撑了 2023 年汉江流域秋汛期间的防洪应对工作等。

(2)水利部数字孪生安全监控感知预警能力(一期)项目

水利部数字孪生安全监控感知预警能力(一期)项目长江委部分按期完成。项目汇集了西藏、贵州、重庆、湖北、江西和湖南等 6 个省(自治区、直辖市)近 13000 座小水库的雨水情监测数据和 11000 余路视频监控点,补充完善了汉江流域皇庄以下 L2级地理空间数据底板,复核了 1000 余座小型水库、290 座水闸和 230 座堤防的基础信息,核查了水利部下发的 540 个疑似碍洪对象,建设了小水库安全风险预警系统及相关基础运行环境,支撑小水库大坝安全监测和洪水风险识别与预警能力提升。

(3)长江流域全覆盖水监控系统

长江流域全覆盖水监控系统建设前期工作取得重大进展,项目如期开工。本项目将对长江委本级监测能力进行提档升级和扩充建设,补齐省界水资源监测断面覆盖不全,水环境水生态监测指标不够、自动化程度不高,河湖水域岸线空间监测范围有限、频次不高,应急监测能力较为薄弱等短板,基本建成集站网监测、视频监视、遥感监测、填报采集、应急监测于一体的"空天地"一体化监测感知体系,实现长江委直管事权涉及对象的监测和汇集全覆盖,实现长江委监管事权涉及对象的信息填报全覆盖,进一步夯实数字孪生长江监测数据底板。

(4)数字孪生三峡工程

数字孪生三峡工程统筹考虑三峡工程枢纽运行安全、水库库容安全、地质安全、水质安全、防洪安全、供水安全、航运安全、发电安全、生态安全及三峡后续工作管理等"十大安全"业务需求,聚焦三峡工程防洪精准调度、三峡枢纽工程运行安全管理、三峡水库运行安全管理、三峡后续工作管理及综合决策支持等五大业务板块,强化三峡工程管理,保障工程效益的有效发挥,提升以三峡为核心的水工程综合调度水平。

研发标准化封装、组件式开发的数字孪生系统建设平台,构建由模型平台和知识平台构成的数字孪生支撑平台,实现贯穿"注册—率定—调用"全过程的通用水专业模型管理和场景态势驱动知识调用。双平台交替运用,有效保障了孪生体高效迭代升级和智能化水平提升。防洪方面,开展全流域模拟本底预报,研发了以三峡为核心的上游水库群正算—反算预报调度互馈功能,以及中下游蓄滞洪区秒级智能调度运用。枢纽安全方面,探索性开展大坝结构安全性态智能预报,实现大坝安全潜在风险实时分析、安全状态精细化预演。库区管理方面,实现涉河建设项目审批"前—中—后"全过程智能监管,以及库区重点河段分钟级智慧巡库;研发了入库泥沙演进及预报、智能减淤调度、库容冲淤动态监控功能;实现库区排污口智能排污自动巡查,有效保障水质安全。项目成果在2023年长江"1999＋"洪水防洪调度演练实战中得到初步检验。

(5)数字孪生丹江口工程

数字孪生丹江口工程立足中线水源公司现有信息化基础,以中线水源工程的大坝安全、供水安全、水质安全、库区安全需求为导向,以技术发展为引领,充分运用云计算、大数据、物联网、移动互联、人工智能等新一代信息技术,开展数字孪生平台、信息化基础设施、业务应用建设,建设具有"四预"功能的数字孪生丹江口工程,实现与物理流域同步仿真运行、虚实交互、迭代优化,为中线水源工程新阶段高质量发展提供有力支撑和强力驱动。

系统于2023年9月上线运行,研发的以一、二、三维水动力水质机理模型为核心的模型库,实现了上游污染入库后动态预测和任意位置突发污染扩散模拟,成功应用于多次污染事故复盘工作；研发的混凝土坝、土石坝有限元结构仿真分析模型，建立了全链条大坝安全模型库，实现了丹江口大坝安全性态的在线评价，提升了工程预测预警及智能分析决策能力。在丹江口水库170m蓄水过程中，首次运用数字孪生技术保障满蓄过程中的工程安全、供水安全、水质安全（图8.1-1）。通过数字孪生丹江口工程平台的使用，首次实现大坝性态、库岸稳定、水质状况的同步跟踪与动态推演，充分发挥"四预"功能，为取得2023年汉江秋汛防御与汛后蓄水双胜利提供了前瞻性、科学性、安全性决策支持，为"大国重器"装上"智慧大脑"。项目建设形成了一批具有自主知识产权和推广应用价值的先进技术，经咨询评价达国际领先水平。项目获2022年水利部中期评估"双优"。

图8.1-1　170m蓄水期间大坝安全每日滚动推演

依托项目成果申报的"湖（库）突发水污染事故快速模拟技术""数字孪生水库水质安全模型平台与预报—预警—预演—预案关键技术"入选《2023年水利先进实用技术推广指导目录》；3项业务应用入选《水利典型案例名录》。申报1项水利学会团体标准，申报发明专利7项。相关技术成果在白鹤滩、滇中引水、引江补汉、西藏中曲、新疆头屯河流域等多项工程与流域智慧化建设中发挥示范引领作用，产生了显著的社会效益与经济效益。数字中国建设峰会参展见图8.1-2。

图 8.1-2　数字中国建设峰会参展

（6）数字孪生江垭皂市和数字孪生澧水（试点）建设项目

数字孪生江垭皂市和数字孪生澧水（试点）建设项目主要包括数字孪生江垭皂市工程、数字孪生澧水流域两部分，其中数字孪生江垭皂市工程是水利部"十四五"期间首批 11 项重点数字孪生水利工程建设之一，数字孪生澧水流域是长江委对照水利部工作要求和长江流域工作实际安排部署的数字孪生长江 4 个试点建设之一（图 8.1-3）。江垭和皂市水库是澧水流域已建成的具有防洪功能的主要水库，而澧水是洞庭湖水系单位面积产水量最大的支流，其防洪成效对洞庭湖甚至整个长江中下游地区都具有重要影响。在开展数字孪生澧水流域建设的基础上同步开展数字孪生江垭皂市工程建设，以江垭、皂市为具体对象，提升澧水流域江垭、皂市两个关键水利工程信息系统的整体性、一致性，实现多系统集成、数据共享、统一标准，实现数字化场景、智慧化模拟、精准化决策，赋能枢纽工程和库区管理，发挥流域和水工程综合效益，为新阶段水利高质量发展提供有力支撑和强力驱动。

项目信息化基础设施升级改造解决了数据传输效率低、传输不稳定的问题，提升了工程安全感知能力，推动了雨水情监测预报"三道防线"建设，为电站安全生产管理提供可靠技术保障；提高了水库防洪决策能力。通过"四预"功能制定科学预案，成功应对 2023 年汛期特别是"6·18"洪水过程，保障了水库安全度汛和工程稳定运行；提升了工程管理效益，统筹防汛减灾和迎峰度夏保供电等需求，水库汛末水位较 2022 年同期大幅提高，洪水资源化利用率明显提高；提升了库区违建管理，基于遥感影像、视频监控等多手段协同全面提升了对库区岸线违法特别是库区违建的巡查效率，为水库正常蓄水提供了重要技术支撑;成功支撑了"长江委 2023 年水库防汛抢险应急演练",并在"2023 年全国水利安全生产应急演练成果评选活动"中获评一等奖。

图 8.1-3 数字孪生江垭皂市和澧水流域(试点)工程安全分析预警业务演示

(7)数字孪生汉江流域

数字孪生汉江流域先行先试重点围绕防洪调度和水资源管理与调配需求,实现汉江流域数字化场景、智慧化模拟、精准化决策,赋能汉江流域防洪和水资源管理(图 8.1-4、图 8.1-5)。2022 年底,在水利部数字孪生流域建设先行先试中期评估中取得了"双优"佳绩。2023 年底,数字孪生汉江流域建设先行先试顺利通过水利部先行先试终期评估。

图 8.1-4 数字孪生汉江流域先行先试防洪业务演示

图 8.1-5 数字孪生汉江流域先行先试水资源管理与调配业务演示

水库防洪调度规则库构建技术、基于知识图谱事件驱动的水工程调度引擎技术等成果在长江流域控制性水利工程综合调度决策支持系统中集成应用,实现了基于调度规则库的水库群联合智能调度和基于知识图谱的行蓄洪工程运用效果快速评估,在汉江流域 2023 年汛期试运行中得到检验,提升了方案支撑效率,获得较好的应用效果反馈。

结合水文预报数据,应用本系统汉江流域水资源调度配置功能,模拟计算汉江流域重要水库调度、引调水工程的调度过程和供水控制断面的流量过程。依托本系统分析计算功能,2022—2023 年,已应用于汉江流域 6 项水量调度计划的编制,形成相关报告,成果已获得水利部、长江委印发实施。

建设了丹江口库区天河口河段关键三维场景,使用丹江口库区一维水动力学模型计算得到丹江口库区沿程水面线,结合库区土地线、移民线动态分析在整个调度过程中的淹没风险及损失信息,为 2023 年汉江秋汛防御工作中丹江口库区的安全管理提供了有力支撑。围绕汉江流域生态流量监督管理业务需求,开发了汉江流域 15 个重要断面的生态流量监测预警功能,有效支撑了生态流量日常监督管理工作。

(8)数字孪生峡江枢纽工程

江西省峡江水利枢纽工程是国务院确定重点推进的 172 项重大水利工程之一,是一座以防洪为主,兼顾发电、航运、灌溉等综合利用功能的大(1)型水利枢纽工程,控制流域面积 6.27 万 km^2,占赣江 77% 的流域面积。数字孪生峡江针对峡江水利枢纽工程防洪调度、工程安全、工程管理等业务场景,实现了在数字空间对峡江水利枢纽工程管理活动的预报、预警、预演、预案,高效支撑峡江水利枢纽工程调度运行。

项目研发的基于防洪调度业务应用,对流域洪水进行 3 天预见期逐小时滚动预报,实现设计洪水与实时洪水的正向、反向推演。2023 年 4 月,峡江水利枢纽工程根据预报结果提前预腾库容 1.1 亿 m^3,拦蓄洪水 1.03 亿 m^3,预报洪峰偏差 9.35%,预报精度达预期,有效支撑了流域防洪业务。基于数字孪生峡江水利枢纽电排站远程控制系统,构建"全面感知、可靠保障、精准管控"的现代化电排站管理体系,极大提高了各电排站排涝提灌工作效率。构建弧形钢闸门在线监测及健康评估体系,实现钢闸门结构应力、振动、运行姿态、支铰轴状态和液压启闭机振动等参数的在线监测,基于健康评估模型实现钢闸门和液压启闭机的健康评估,通过在线仿真系统实现对不同工况下弧形钢闸门受力和变形的模拟,有效支撑了枢纽泄洪闸运行管理业务。通过建立设备数字模型、信号处理和人工智能训练,实现了设备健康自诊断和预测性维护,实现水泵设备安全"预报、预警",有效支撑了库区电排站运行管理业务。

(9)数字孪生长江中下游行蓄洪空间

以河道、洲滩民垸和蓄滞洪区为主体的行蓄洪空间是防洪体系的重要组成部分,也是水工程联合调度的重要组成部分。为实现有效精准调度,在考虑行蓄洪工程运用作用的同时,还需反映行蓄洪空间实时动态趋势的变化,通过精确评估灾害风险,获取精准化决策方案,以提高行蓄洪空间内人民生命财产安全保障能力。数字孪生技术的投入使用,可全面提升行蓄洪空间物理世界信息数据获取、提取和应用能力,能有效解决行蓄洪空间面临的运用时机和投入使用后带来的风险难以精确把控等诸多问题,对支撑流域"四预"能力建设具有重要意义。

采集和治理了局部重点区域的倾斜摄影数据,初步研发了堤防工程风险智能评估与预警模型、水工程调度知识库驱动引擎、数据—知识共融的精细化分洪运用模型,开展了防洪形势—调度推演—方案对比等业务应用建设,初步实现了长江中下游河道、蓄滞洪区、洲滩民垸等多种行蓄洪工程基于防洪态势研判的智能(自动)调度。项目成果在 2023 年长江"1999+"洪水防洪调度演练实战中得到进一步检验。

8.2 智慧气象

智慧气象作为新时期气象现代化的重要标志,顺应了科技变革潮流,契合了以气象信息化带动气象现代化的发展内涵,体现了气象科技的时代特征和全面推进气象现代化的新要求。基于大数据、人工智能、云计算、物联网、5G、北斗系统、卫星通信网等新一代信息技术,聚焦监测精密、预报精准、服务精细,以提升流域气象预报预测准确率为核心,全面推进算据、算法、算力建设,加快构建具有监测、预警、预报、预测等功能的智慧气象体系,以此带动长江流域气象保障服务的高质量发展。

8.2.1　新一代长江流域气象业务一体化工作平台

针对长江流域防汛抗旱和长江上游水库群联合调度的气象服务工作需求,打造长江流域气象监测信息"一张网"、数据"一个库"、应用"一终端",建成基于气象大数据云平台的新一代长江流域气象业务一体化工作平台,从简单数据共享升级为数算一体化共享,实现了多源信息融合共享共用(图8.2-1)。实现了气象水文信息联动分析、预报服务智能提示、流域降水格点订正、数据产品快速集成、制作发布便捷高效、预报检验评估实时反馈的综合性平台,为开展长江流域气象预报服务提供了稳定可靠的平台系统支撑。

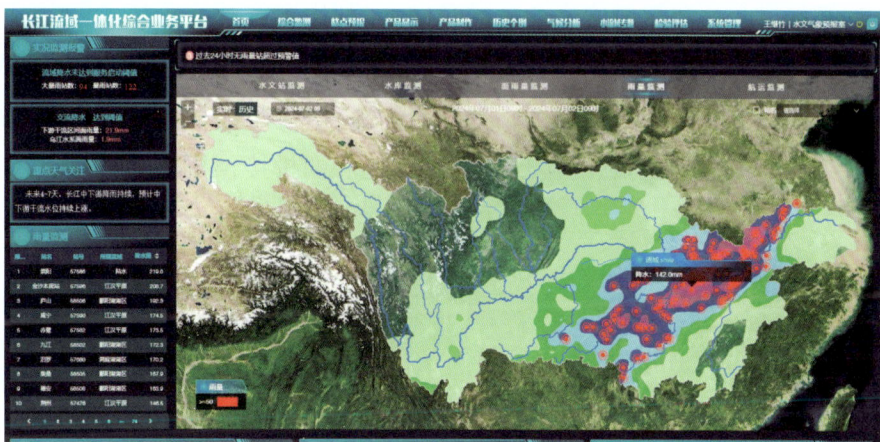

图8.2-1　新一代长江流域气象业务一体化工作平台

(1)气象信息监测报警子系统

基于气象大数据云平台"天擎"系统为唯一数据源,提供长江流域区域范围内自动站、天气雷达、气象卫星、行业监测、短临预报、融合降水、实况格点等数据的综合监测和展示,提供各种图表统计和分析功能,同时结合各省对中小流域、水库的个性化需求,开展基于水文气象耦合、中小河流域动态临界面雨量阈值的气象风险预警功能,实现对各省中小流域、水库的个性化服务支撑(图8.2-2)。

图 8.2-2　气象信息监测报警子系统

(2)精细化格点预报子系统

在数值预报产品和智能网格产品的基础上,利用主客观订正技术,形成长江流域各类预报服务中间产品。通过构建跨省级的协同预报订正流程,实现流域内各省级气象部门能够基于流域中心的指导预报产品,对省级流域内的降水、温度等要素进行精细化的预报订正,最终实现经各省订正后的拼接预报产品,提供决策服务(图 8.2-3)。

图 8.2-3　精细化格点预报子系统

(3)服务产品制作发布子系统

基于流域精细化格点订正产品,利用服务产品图文素材库、服务产品策略与模板库、服务产品模板等,实现流域各类服务产品的快速生成,并实现服务产品的多用户、多渠道的快速发布。

8.2.2   基于大数据的相似识别技术

天气系统的描述一般分为两种技术方法:一是天气系统的客观识别,也就是通过计算机识别算法,实现天气系统(高空槽/脊、高/低压系统、急流、切变线等)的位置和强度等参数化;二是计算形势场数据对应天气系统特征量,比如高低值中心、风场切变量、平流项等,间接描述天气系统的位置和强度。

基于格点化降水和高空数据,从 200hPa、500hPa、700hPa、850hPa、925hPa、地面等对天气系统配置和环境场配置展开分析,建立了 1981—2020 年长江流域致洪降水过程天气学指标库,包括环流背景、主要影响系统和致洪降水发生机理,结合分类天气学模型,分析每类天气型产生的洪水特征分析各强降水个例过程中影响降水的主要系统及其位置、发展演变规律。采用关键天气系统客观识别结果实现天气关键区的划分,通过天气系统特征量图像相似识别技术,计算强降雨过程高低空天气相似度,实现最优相似个例筛选的目标(图 8.2-4)。

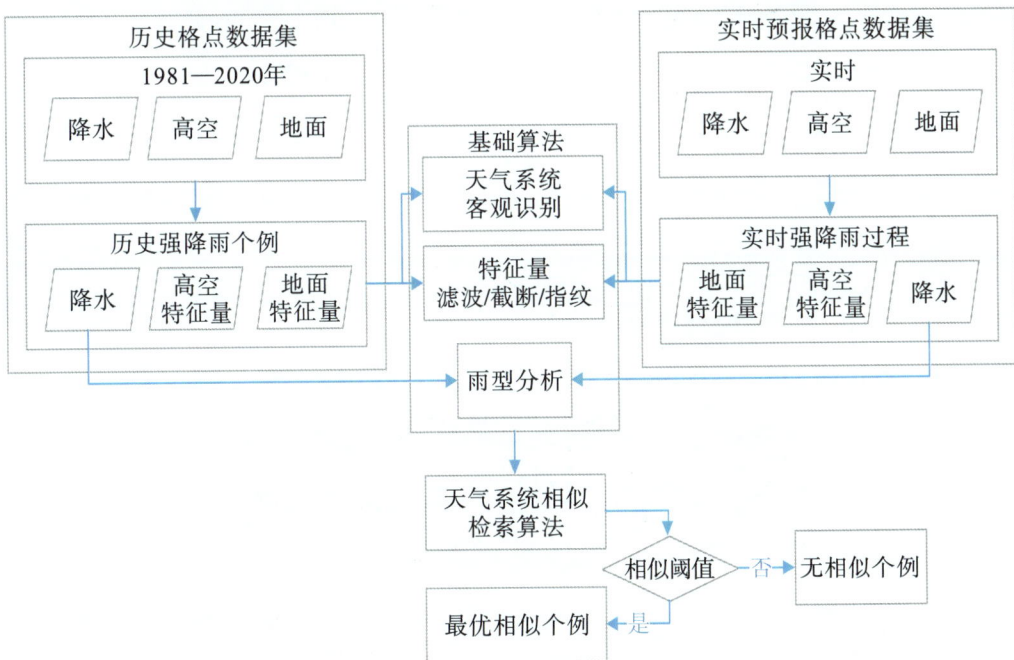

图 8.2-4   长江流域致洪强降水过程天气相似识别技术

大尺度环流因子场选择南亚高压、副热带高压、高纬度高空槽、中纬度短波槽,天气尺度因子场选择中低层(700hPa 和 850hPa)切变线、急流、西南低涡、地面锋区、低层(850hPa)温度露点差、高低空(850~500hPa)温差,分别从动力、水汽、不稳定 3 个方面反映强降雨天气成因。分别对大尺度环流因子场和天气尺度因子场相关系数做归一化处理,作为每个天气因子场的权重系数,然后综合相加得到综合相似度。以2020 年 8 月 16 日长江流域致洪强降雨过程为例,与前 10 个相似个例对比,1998 年 8 月 2 日降雨过程的大尺度环流场相似度达 0.60,天气因子场为 0.68,综合相似度最高(图 8.2-5)。

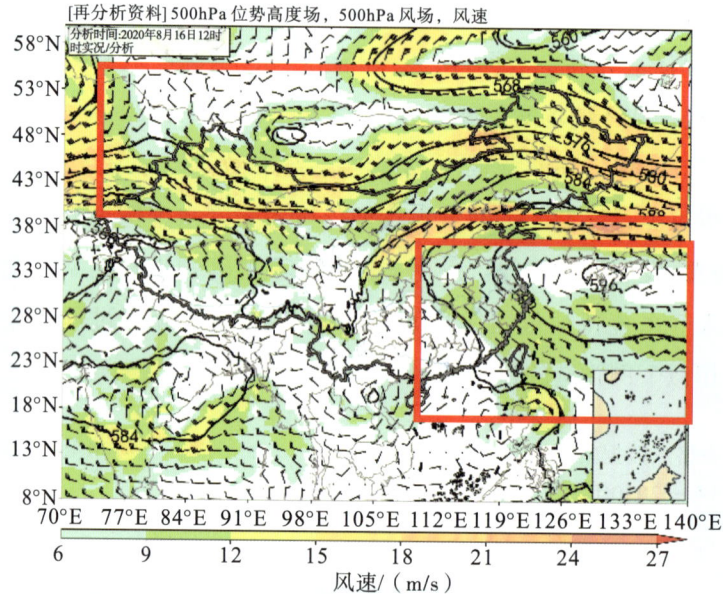

(a)2020 年 8 月 16 日 20 时

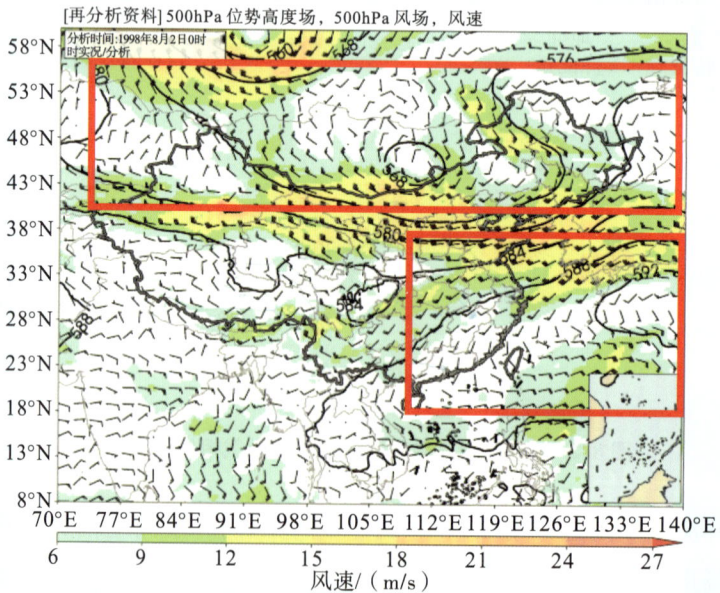

(b)1998 年 8 月 2 日 8 时

图 8.2-5　500hPa 天气尺度环流相似结果对比

8.3　智慧航运

8.3.1　航运设施智慧化

（1）智慧航道

长江干线及江苏、浙江等水网发达地区的航道智慧化建设发展相对较快。交通强国试点"长江干线智慧航道建设及应用"在完成 2022 年工作任务的基础上，2023 年聚焦航道动态监测、航道维护管理、航道公共服务及航道制度标准 4 个方面，全力推进智慧航道试点预期目标落实落地。长江数字航道实现长江干线航道航标、航道水情、控制河段航道尺度、视频监控、船舶动态等信息联动，实现航标水位电子巡查、空间数据库测绘成果立体展现、智能感知测绘。长江电子航道图推广至重庆嘉陵江河口、安徽青弋江河口，与京杭运河航道网电子航道图干支连通，覆盖我国内河航道总里程超 5000km，全国内河航运共建共享"水上一张图"格局加快构建。长江电子航道图实现北斗终端服务江海联运船舶，实现南京以下 12.5m 深水航道适配格式长江电子航道图数据的快速生产与定制化服务。

（2）智慧港口

江苏建成张家港散货码头、南京港龙潭集装箱码头、徐州港顺堤河作业区等智慧港口码头，南京港龙潭集装箱码头获评四星级智慧港口，太仓港集装箱码头自动驾驶、张家港散货智慧码头两个项目入选 2023 年智慧江苏标志性工程。浙江梅山、甬舟集装箱码头实现 8 路作业全流程自动化，鼠浪湖散货码头实现装船和堆取自动化作业。荆州港松滋车阳河智慧港口项目实现"散货线＋集装箱进提箱业务"全流程智能化。上海港洋山四期自动化码头运行管理不断优化、效率不断提升，最高昼夜操作量达到 26066TEU，居全球前列，具备 700 万 TEU 年度生产能力，全球首次将 F5G 超远程技术应用于港口作业场景，实现了百公里外"隔空吊箱"。江苏主要集装箱港口实现码头管理系统（TOS）覆盖，长江沿线专业干散货码头实现生产调度智能化全覆盖；建成张家港港智慧运营中心，构建了"装卸船—堆取料—计量—巡检—清舱"全流程智能操作协同作业模式。宁波舟山港梅山港区 5G 应用常态化、规模化嵌入码头运营，形成"一脑统领、一网覆盖、一链作业、一区示范"的"四个一"核心框架。

（3）智能船舶

江阴籍干散货海船实现 AI 智能监控全覆盖。全国首艘海陆一体化智能 FPSO "海洋石油 123"拖带出江。国内最新一代"L30 型"智能无人船和"M75B 型"智能无人船在泰州开展效能和应用试验。"泸道遥测2号"无人船在长江口北支水道顺利完成航道测量和巡航测试,标志着该型无人船具备在长江航道各种复杂类型水域安全航行和测绘的能力。

（4）智慧船闸

聚力三峡智慧通航,建成船闸运行动态监测管理系统,实现对过坝船舶全流程、全要素、全天候、一站式实时动态精准监管及信息服务,建成长江干线首个枢纽通航三维数字孪生应用场景。"三峡通航e站"小程序完善升级,新增"绿色通航"服务版块,"三峡通航e站"总访问量突破1.4亿次,注册用户数达8万人。上海建设完善船闸数字孪生设施,"沪闸通"过闸使用率超七成。"浙闸通"2.0上线试运行。安徽"皖航通"船闸联合调度信息系统已在全省20座船闸中推广应用,共有建档船舶2.2万艘,开通并使用"皖航通"App过闸船舶在97％以上,船员办理过闸手续平均时间由原先60分钟减少到5分钟以内,并实现船舶自动排队、移动缴费及发票自动开具、过闸自动提醒、挡位自动推送的全流程自动化功能。山东创新实施跨省域过闸船舶联合管理,实现京杭运河山东段与苏北段船舶信用信息共享、互认。江西建成信江等智慧船闸现地系统,全省智慧船闸调度中心加快建设。湘江梯级船闸联合调度系统运行满2年,过闸船舶平均等待时间减少2～3小时。贵州乌江"乌航通"实现船舶过闸远程申报、船舶远程定位,将重庆境内彭水、银盘通航建筑物船舶过闸申报调度纳入"乌航通"平台,实现渝黔乌江5级8座通航建筑物船舶过闸"远程申报、统一调度、统一发布、统一管理"。

8.3.2 行业管理与公共服务智慧化

（1）智能管理平台建设

长航局智能管理平台上线试运行,集成"智能管理驾驶舱",初步实现智能化监管服务。基本建成长江干线L1级、三峡和武汉L3级数字孪生系统(图8.3-1)。长江海事联合重庆市、四川省、云南省、贵州省,共推长江上游干支水域监管服务一体化,共同搭建信息平台,加强船公司、船舶、船员、应急搜救、船舶防污染、行政执法信息共享和数据交换,实现监管和执法信息互联互通、资源共享。江苏建成运行"智汇江海"大数据、"船E行"大服务、港航一体化"三大平台",建成全球最大的区域VTS监控网,创新实施船舶安全等级标识机制,实现"卡口管进出、标识管全程"。

图 8.3-1　长江航运数字孪生平台界面

（2）综合保障平台建设

长航局搭建综合保障平台，初步建成长江航运数据中台，研发资源图谱示范应用，融合建立统一的"三船"基础数据库，初步完成新一代北斗智能船载产品原型研发，"长江新链"试点建成武汉段"陆水空天"无线网络，基本实现局系统协同办公。推进"长江新链"建设，确定了岸基、星基手段融合应用并辅以非蜂窝技术组网的路径，优化建成 51 个新型 5G 岸基站点。汇集长航局系统各单位重点数据资源，初步建成智能管理驾驶舱，实现航运总体情况、调度指挥、决策分析及多层、多维数据展示，并实现"智慧长江"专题页面（40 多项指标）接入交通运输部国家综合交通运输信息平台（图 8.3-2）。

图 8.3-2　智能管理驾驶舱界面

（3）公共服务平台建设

"长江 e＋"正式上线，构建了由网站、App、小程序构成的三位一体服务体系，融合电子航道图、"船 E 行"等系统，长江航运公共服务平台初步实现"一网整合"，平台功能由发布时的 33 项增加到 77 项，用户总数突破 12.97 万，上线以来总点击量超 1946.39 万次，年底日均点击量稳定在 13 万次以上（图 8.3-3）。长江干线航道养护管理大数据实现交换汇聚，搭建航道大数据服务平台，形成了以数据服务、图表中心、API、"大数据快应用"为载体的综合型大数据服务平台，深度整合航道要素资源，构建与航道业务深入融合的大数据成套服务。长江航运数据中心汇聚交通运输部、局系统、行业相关单位的数据表 859 张，存储数据 16.61 亿条（不含动态数据），建成 24 个主题库，日均新增基础数据超过 50 万条、AIS 动态数据 3000 万条。

图 8.3-3　"长江 e＋"公共服务平台界面

第 9 章　科技创新

2023 年,联盟成员单位深入贯彻落实习近平总书记关于治水和科技创新的重要指示精神,聚焦流域治理与保护关键问题,积极响应长江治理与保护、长江经济带发展的新标准、新需求,强化靶向协同发力,加强科技资源整合,推进产学研用深度融合,激发科技创新活力,为长江大保护和长江经济带高质量发展提供坚实科技支撑。

9.1　重大科技奖励成果

据不完全统计,2023 年,联盟成员单位(或下属二级单位)获得与长江治理与保护相关的国家级、省部级科技奖、社会科技奖共计 100 余项。部分科技奖励成果见表 9.1-1。

表 9.1-1　　　　　　　　　　部分科技奖励成果

序号	成果名称	牵头单位	奖励名称	等级
1	长江中游两万年以来干湿古气候的演变规律与驱动机制	中国地质大学(武汉)	湖北省自然科学奖	一等奖
2	流域水安全全息监测与全域预报预警关键技术	长江水利委员会水文局	湖北省科技技术进步奖	一等奖
3	巨型水电工程建设智能管控关键技术	中国长江三峡集团有限公司	湖北省科学技术进步奖	一等奖

序号	成果名称	牵头单位	奖励名称	等级
4	堰塞湖致灾机理与应急处置关键技术	长江勘测规划设计研究有限责任公司	湖北省科学技术进步奖	一等奖
5	长江中游河流物理生境演化机理及修复技术	长江水利委员会长江科学院	湖北省科学技术进步奖	一等奖
6	复杂工程岩体开挖卸荷效应与控制关键技术	三峡大学	湖北省科学技术进步奖	一等奖
7	自然灾害空间信息智慧应急关键技术、装备及应用	中国地质大学(武汉)	湖北省科学技术进步奖	一等奖
8	淤泥软土快速就地固化和高效资源化大规模利用装备与关键技术	河海大学	江苏省科学技术奖	一等奖
9	堤坝渗漏隐患探测与防渗墙加固关键技术及应用	江西省水利科学院	江西省科学技术进步奖	一等奖
10	乌江构皮滩超高水头组合式多级升船机关键技术研究与应用	长江勘测规划设计研究有限责任公司	中国航海学会科技进步奖	特等奖
11	我国典型河口浅滩深水航道治理关键技术研究与应用	南京水利科学研究院	中国航海学会科技进步奖	特等奖
12	多功能重型铲斗挖泥船研制与应用	长江航道局	中国航海学会科技进步奖	一等奖
13	长江干线航道新型航标系统关键技术研发与应用	长江航道局	中国水运建设行业协会科技进步奖	一等奖
14	三峡河段通航智能监管系统关键技术研究及应用	长江三峡通航管理局	中国水运建设行业协会科学技术奖	一等奖
15	高土石坝变形破坏机理与模拟技术及工程应用	南京水利科学研究院	中国大坝工程学会科技进步奖	特等奖
16	三峡枢纽运行安全智能检测关键技术及应用	中国长江三峡集团有限公司	中国大坝工程学会科技进步奖	一等奖
17	高海拔生态脆弱区拉洛水利枢纽工程建设关键技术	长江勘测规划设计研究有限责任公司	中国大坝工程学会科技进步奖	一等奖

序号	成果名称	牵头单位	奖励名称	等级
18	干旱风险下长江流域干支流多源供水协同调控关键技术	长江水利委员会长江科学院	中国大坝工程学会科技进步奖	一等奖
19	高海拔寒冷地区高拱坝混凝土冬季浇筑防裂关键技术	中国水利水电科学研究院	中国大坝工程学会科技进步奖	一等奖
20	多致灾因子耦变环境下海堤安全关键技术及应用	南京水利科学研究院	中国大坝工程学会科技进步奖	一等奖
21	洪水预报与风险调度互馈的水库防洪决策关键技术及应用	河海大学	中国大坝工程学会科技进步奖	一等奖
22	长江上游梯级水库群多目标联合调度技术	长江勘测规划设计研究有限责任公司	中国水利学会大禹水利科技进步奖	特等奖
23	变化环境下跨境流域径流演变及水利益共享研究	南京水利科学研究院	中国水利学会大禹水利科技进步奖	一等奖
24	高土石坝变形破坏过程计算理论方法与应用	南京水利科学研究院	中国水利学会大禹水利科技进步奖	一等奖
25	流域河湖治理工程水生态影响监测与评估关键技术创新及应用	南京水利科学研究院	中国水利学会大禹水利科技进步奖	一等奖
26	数字流域模型原理与关键技术	清华大学	中国水利学会大禹水利科技进步奖	一等奖
27	缺资料流域水文模拟预报的理论技术创新与应用	河海大学	中国水利学会大禹水利技术进步奖	一等奖
28	南方水稻灌溉对气候变化的响应机制及适应性调控	河海大学	中国农业节水和农村供水技术协会农业节水科技奖	一等奖
29	大型水电工程鱼道关键技术研究及应用	中国水利水电科学研究院	中国水力发电工程学会水力发电科学技术奖	一等奖
30	深埋长隧洞智能 TBM 掘进关键技术研究及其工程应用	清华大学	中国水力发电工程学会水力发电科学技术奖	一等奖
31	抽水蓄能电站安全稳定调控关键技术及应用	河海大学	中国水力发电工程学会水力发电科学技术奖	一等奖

续表

序号	成果名称	牵头单位	奖励名称	等级
32	滑坡致灾力学机理及灾害链演化研究与工程应用	河海大学	中国水力发电工程学会水力发电科学技术奖	一等奖
33	水利水电工程流域库岸变形监测新技术与应用	河海大学	中国水力发电工程学会水力发电科学技术奖	一等奖
34	区域特大干旱形成机理及地形水库区适应性管理关键技术研究与应用	武汉大学	中国水力发电工程学会水力发电科学技术奖	一等奖
35	区域水网水安全保障能力提升与多目标协同调控关键技术	武汉大学	长江技术经济学会长江科学技术奖	一等奖

9.2 科技项目

据不完全统计,2023年联盟成员单位共承担长江治理与保护相关的国家重点研发计划、国家自然科学基金等国家重点科研项目共计100余项。部分科技项目见表 9.2-1。

表 9.2-1　　　　　　　　　　部分科技项目

序号	项目名称	项目类别	负责人	项目牵头单位
1	典型在产医药化工园区土壤—地下水污染原位协同防治应用示范	国家重点研发计划项目	肖愉	中节能铁汉生态环境股份有限公司
2	长江中下游极端枯水预报预警与应急供水保障关键技术研究	国家重点研发计划项目	陈桂亚	长江水利委员会水文局
3	鄱阳湖极端洪枯事件的水生态影响及洪泛湿地韧性提升关键技术与示范	国家重点研发计划项目	杨文俊	长江水利委员会长江科学院
4	长江中下游崩岸险情智能感知预警与防治关键技术研究及示范	国家重点研发计划项目	卢金友	长江水利委员会长江科学院
5	绿色流域构建指标体系与评价方法	国家重点研发计划项目	许继军	长江水利委员会长江科学院

续表

序号	项目名称	项目类别	负责人	项目牵头单位
6	流域智慧管理平台构建关键技术及示范应用	国家重点研发计划项目	罗 斌	长江勘测规划设计研究有限责任公司
7	南水北调中线冬季输水能力提升关键技术研究与示范	国家重点研发计划项目	郭新蕾	中国水利水电科学研究院
8	基于多层级水网工程和数字孪生技术的特大干旱协同防控	国家重点研发计划项目	吕 娟	中国水利水电科学研究院
9	山洪灾害风险防控区划与全过程监测防范关键技术	国家重点研发计划项目	刘昌军	中国水利水电科学研究院
10	高等级航道通航设施高效输水与2×1000t级水力式升船机运行保障关键技术	国家重点研发计划项目	胡亚安	南京水利科学研究院
11	长江下游洪涝灾害集成调控与应急除险技术装备	国家重点研发计划项目	王银堂	南京水利科学研究院
12	基于指示种的长江生态系统健康"评估—诊断—预测"管理平台构建与应用	国家重点研发计划项目	范子武	南京水利科学研究院
13	长江中下游河网圩(垸)区水生态修复与调控技术及示范	国家重点研发计划项目	高俊峰	中国科学院南京地理与湖泊研究所
14	长江流域近千年水资源演变过程数字重构及韧性应对关键技术	国家重点研发计划项目	刘小莽	中国科学院地理科学与资源研究所
15	新国标下饮用水典型有害无机物控制与深度净化技术	国家重点研发计划项目	刘锐平	清华大学
16	高龄服役管线输配安全劣化机制及系统调控技术与装备	国家重点研发计划项目	刘书明	清华大学
17	长江流域典型城市内湖水环境—水生态协同治理关键技术与示范	国家重点研发计划项目	李一平	河海大学
18	西北内陆河下游及尾闾湖泊生态水量与调度保障关键技术	国家重点研发计划项目	董增川	河海大学

序号	项目名称	项目类别	负责人	项目牵头单位
19	土壤与地下水重非水相液体(DNA-PLs)精细刻画关键技术	国家重点研发计划项目	王锦国	河海大学
20	跨区域跨流域洪涝灾害风险协同应对与备灾	国家重点研发计划项目	张　珂	河海大学
21	面向碳中和和能源可持续发展的城镇能源互联网大数据分析技术与应用研究	国家重点研发计划项目	华昊辰	河海大学
22	黑麦草种质资源抗旱耐盐性评价及全基因组关联分析	国家重点研发计划（国合项目）	产祝龙	华中农业大学
23	农作物重要农艺性状基因组大数据辅助设计育种	国家重点研发计划项目	李　林	华中农业大学
24	大豆重要性状基因资源挖掘与利用	国家重点研发计划项目	李　霞	华中农业大学
25	长江口深水航道疏浚土生态利用与浅滩生境营造技术及示范	国家重点研发计划项目	顾　勇	华东师范大学
26	近海蓝碳生态系统的碳汇潜力与多功能协同增汇途径	国家重点研发计划政府间国际科技创新合作专项	李秀珍	华东师范大学
27	植被—水沙—堤防耦合机制及海岸生态堤防技术	国家重点研发计划政府间国际科技创新合作专项	彭　忠	华东师范大学
28	气候与非气候因素驱动的河口潮滩湿地蚀退机制及修复技术	国家重点研发计划政府间国际科技创新合作专项	戴志军	华东师范大学
29	长江上游河库复合系统物理生境健康诊断及适应性调控	国家重点研发计划项目	李　然	四川大学
30	南水北调中线水源区中长期水资源预测技术	国家重点研发计划项目	牛文静	长江水利委员会水文局
31	变化环境下流域生态系统生产总值核算方法与示范应用	国家重点研发计划项目	闫兴成	南京水利科学研究院

续表

序号	项目名称	项目类别	负责人	项目牵头单位
32	含醇废水增值转化同步产氢电化学反应器开发与应用	国家重点研发计划项目	张 弓	清华大学
33	气候变化背景下长江中下游旱涝急转响应机理	国家重点研发计划项目	袁山水	河海大学
34	基于多源数据融合的地下含水层刻画与污染物精准溯源技术	国家重点研发计划项目	窦 智	河海大学
35	水中新污染物等风险物质高通量识别与传感前沿技术研发	国家重点研发计划项目	郭洪光	四川大学
36	长江流域大型水库碳汇的界面机制及调控:通量、过程与途径	国家自然科学基金长江水科学研究联合基金	王殿常	中国长江三峡集团有限公司
37	长江流域水库群联合调度数字孪生构建方法研究	国家自然科学基金长江水科学研究联合基金	黄艳	长江水利委员会长江科学院
38	长江流域特征鱼类行为机制与鱼道生态水力调控研究	国家自然科学基金长江水科学研究联合基金	杨文俊	长江水利委员会长江科学院
39	复杂赋存条件下引调水工程深埋隧洞围岩大变形预测与风险防控研究	国家自然科学基金长江水科学研究联合基金	丁秀丽	长江水利委员会长江科学院
40	染色体倒位对轮虫姐妹种物种分化及基因渐渗的影响研究	国家自然科学基金地区科学基金项目	张 伟	江西省水利科学院
41	湖泊消落带土壤铁氧化物对 N_2O 排放关键过程的影响及微生物机制	国家自然科学基金地区科学基金项目	左继超	江西省水利科学院
42	尼罗河三角洲滨海平原全新世沉积生态环境演变与早期人类活动适应性探讨	国家自然科学基金国际(地区)组织间合作研究项目	陈 静	华东师范大学河口海岸学国家重点实验室
43	重大入侵害虫草地贪夜蛾抗药性监测及其分子机制研究	国际(地区)合作与交流项目/NSFC-ASRT(中埃)	李建洪	华中农业大学

序号	项目名称	项目类别	负责人	项目牵头单位
44	面向乡村产业振兴的土地利用转型研究	国家社科基金重大项目	柯新利	华中农业大学
45	江西省极端干旱驱动机制及应对措施研究	江西省科技厅重点研发计划项目	许新发	江西省水利科学院
46	中国东部主要流域持续性强降水多尺度演变机理和精细化预报新方法研究	国家自然科学基金气象联合基金项目	翟盘茂	中国气象科学研究院
47	东亚季风年循环对中国汛期降水次季节过程的影响和预测研究	国家自然科学基金气象联合基金项目	祝从文	中国气象科学研究院
48	变化环境下河湖湿地地表水—地下水系统交互过程对湖泊富营养化的影响机制	湖北省自然科学基金地质创新发展联合基金重点项目	郭　静	中国地质调查局武汉地质调查中心
49	水位波动对长江中游地下水系统中氨氮富集的影响机制研究	湖北省自然科学基金地质创新发展联合基金培育项目	高　杰	湖北省地质局

9.3　科技创新平台

2023 年,联盟成员单位按照相关部门和地方政府的部署要求,在继续做好科技创新与成果转化的同时,持续优化科技创新平台布局,不断完善科技创新平台体系。据不完全统计,新增国家级及省部级平台 10 余个,见表 9.3-1。

表 9.3-1　　　　　部分新增科技创新平台

序号	科技创新平台名称	平台级别	依托单位
1	水资源工程与调度全国重点实验室	国家	武汉大学、长江设计集团有限公司
2	水灾害防御全国重点实验室	国家	河海大学、南京水利科学研究院
3	南京海气界面野外科学观测研究站	省部	河海大学
4	江苏省流域地理空间智能工程研究中心	省部	河海大学
5	湖北省智能农业装备技术创新中心	省部	华中农业大学
6	水利数智化技术湖北省工程研究中心	省部	湖北省水利水电科学研究院

续表

序号	科技创新平台名称	平台级别	依托单位
7	资源与生态环境地质湖北省重点实验室	省部	湖北省地质局
8	绿色大河三角洲国际合作联合实验室	省部	华东师范大学河口海岸学国家重点实验室
9	长江上游航道生态重庆市野外科学观测研究站	省部	重庆交通大学、长江航道局
10	中国气象局流域强降水重点开放实验室	省部	中国气象局武汉暴雨研究所
11	湖北省城市水资源计量数据建设应用基地	省部	武汉市水务集团、长江水利委员会长江科学院
12	水利部白蚁防治重点实验室	省部	中国水利水电科学研究院、湖北省水利厅、华中农业大学
13	水利部水圈科学重点实验室	省部	清华大学
14	水文测报装备技术国际科技合作基地	省部	长江水利委员会水文局
15	湖北省水生态监测与生境修复技术研发国际科技合作基地	省部	水利部中国科学院水工程生态研究所

第 10 章　重大问题研究进展

长江流域生态环境保护和高质量发展正处于由量变到质变的关键时期,联盟成员单位坚持共抓大保护、不搞大开发,突出生态优先、绿色发展,坚持把科技创新作为主动力,充分发挥多元开放、优势互补、集成高效的协同机制,针对重大基础前沿问题和共性关键技术难题开展了一系列攻关研究,为水旱灾害防御、水工程建设与运行、水生态环境保护与修复、河湖治理与保护和智慧水利建设等领域工作奠定了坚实的技术支撑。

10.1　水旱灾害防御

10.1.1　长江下游洪涝灾害集成调控与应急除险技术装备

（1）基本情况

项目负责人:王银堂

项目牵头单位:南京水利科学研究院

项目类别:国家重点研发计划

项目执行期限:2021 年 12 月至 2024 年 11 月

项目研究内容:针对长江下游洪涝灾害治理面临着跨地区统筹协调性不足、蓄滞洪区运用难度大、堤防病险隐患多、工程群调度能力不强、灾害风险管控存在盲区等突出问题,本项目拟提出长江下游跨地区防洪除涝标准协同设计和蓄滞洪区分类管理运用技术,构建洪涝灾害多元信息分析与智能调度决策支持系统,开发洪涝灾害全景分析和社会化管控平台并实现业务化应用,以提升洪涝灾害集成调控和应急除险科技支撑能力。

(2)主要研究成果(阶段)

1)提出了长江下游洪涝灾害应对韧性与跨地区防洪除涝标准协同设计

完成了长江下游地区致灾因子和承灾体的时空演变特征分析,构建了洪涝灾害应对韧性评价框架,提出了洪涝灾害应对韧性评价方法;解析了跨地区防洪排涝的互馈规律,构建了基于博弈理论的跨地区防洪除涝标准协同性评估模型;完成了示范区现状防洪除涝标准的适用性研究,开展了跨地区防洪除涝标准协同设计方法研究;提出了洪涝灾害应对韧性、跨地区洪涝互馈关系分析及跨地区防洪除涝标准协同设计等技术要点和指南编制附录等。

2)提出了蓄滞洪区布局及功能优化与分类管理运用技术

以长江下游地区滁河流域为研究对象,建立了洪水蓄泄与超额洪量计算水动力学模型,分析了流域超额洪量分布特征及其影响因素,开展了蓄滞洪区布局优化研究,评估了蓄滞洪区布局合理性;开展了蓄滞洪区精细化调度方式研究;辨析了蓄滞洪区多重功能及互制关系,初步构建了蓄滞洪区防洪经济生态多目标评价指标体系和模糊综合评价模型;分类梳理了典型蓄滞洪区管理运用技术模式,初步提出了蓄滞洪区分类管理运用的总体框架和技术要点。

3)研发了洪涝灾害多元信息集成监测预报与智能调度技术

开展了 GPM 时代主流近实时卫星反演降水数据在长江下游和里下河地区的强降水监测性能评价,提出了面向实时环境的多源降水融合方法;构建了双极化水体指数法、随机森林法和支持向量机法 3 套巢湖流域水体提取模型;分析了沿海沿江致灾因素及遭遇特性;构建了覆盖沿海、沿江区域的风暴潮数学模型和沿海沿江潮位预报模型,分析了致灾因素对增减水影响;基于分布式架构设计提出了大型河网实时校正技术;建立了洪涝灾害关键数据集,实现了洪涝衍生影响过程的可视化;构建了基于指标阈值的推理规则,并提出了交叉验证下的期望总体代价进行模型分类精度评价,分析了流域超额洪量的消纳方式,构建并求解了巢湖流域防洪除涝调度多目标优化调度模型。

4)开发了洪涝灾害全景分析与社会化管控平台

阐述了洪涝灾害全景分析与社会化管控的基本原理和核心内容,提出了洪涝灾害管理的"五预"技术,着重阐述了风险预防重点及实现途径。梳理了洪涝灾害综合应对全链条工作流程和信息流特征,完成了洪涝灾害全景分析与社会化管理平台总体结构和功能模块设计。全面剖析了长江三角洲一体化发展核心示范区、巢湖流域、滁河流域和里下河地区四个示范区防洪治涝存在挑战,提出了洪涝灾害全景分析与社会化管控平台开发与应用重点,建设了示范区平台数据底板,开发了平台功能模块。

10.1.2 长江上游流域水文循环机理与基于气陆耦合的暴雨洪水预报

(1)基本情况

项目负责人:余钟波

项目牵头单位:河海大学

项目类别:国家自然科学基金长江水科学研究联合基金

项目执行期限:2022 年 1 月至 2025 年 12 月

项目研究内容:通过野外水文机理实验、多源数据分析与数值模拟,辨识长江上游不同典型区的降雨产汇流特征,揭示多尺度气象水文过程耦合机理,探明流域暴雨洪水形成机制;发展地表水、沼泽湿地水体、冻土水、积融雪和地下水等水文循环模块,建立上游水库群调蓄参数化方案,构建气陆耦合的暴雨洪水预报模型(WRF-HMS);提出多模型组合的洪水概率预报方法,溯源不确定因子并实现预报预测动态修正,阐明长江上游流域水文过程对环境变化的响应机制,提高三峡水库洪水预报的精度 5%以上,延长洪水预见期 7%以上。

(2)主要研究成果(阶段)

1)建立了长江源头冰川冻土—植被变化—径流响应的多元立体观测体系

构建了长江流域气象水文数据库:收集了长江上游降水、气温、风速、辐射、比湿等气象数据,构建了覆盖长江流域的气象数据库;收集了干支流关键水文站的逐日实测径流资料、DEM 地形资料、土壤类型资料、土地利用资料等,构建了覆盖长江流域的基础水文数据库。

建立了长江源区沱沱河流域冰川冻土水文观测系统,开展了定点坡面—典型流域—江河源区多级嵌套的相对完整的多要素监测。采集了长江源区原状土柱与分层土壤,建立了室内大型冻融试验平台。开展了长江上游研究区多次实地调研,测定了部分采集水样品中的氡($222Rn$)、氢($2H$)和氧($18O$)同位素的含量,获取了各水资源类型(河流、湖库水体、降水、多年冻土、活动层土壤水、地下水冰、冰雪融水等)的同位素特征及时间—空间格局。

2)发展了星地多源数据融合反演方法

引入了新一代高时空分辨率卫星同化技术,建立了云检测、偏差订正和质量控制方法,同化新增高空水汽通道,提高了流域降水预报产品可靠性;建立了贝叶斯总误差分析途径,辨识了多源降水产品输入不确定性,发展了多源降水产品的融合方法;基于$\tau\omega$单通道亮温辐射测量算法和贝叶斯多模型融合算法,研发了多卫星平台、多波段的土壤湿度集成遥感反演算法,构建了全国高时空分辨率土壤湿度数据。

3)构建了精细化的长江上游暴雨洪水预报模型系统

建立了考虑长江源区高寒特性的冻土水文模块,开展了长江源区冻融水热监测与同位素多水源示踪分析,揭示了冰水相变对土壤水分运移的影响机制。构建了考虑土壤冻融演替的冻土融水模块。测试了湿地冻土水文模型对土壤冻融过程与湿地水分迁移的模拟效果。在坡面径流场及小流域尺度上对土壤、冻土、植被和消融雪的水热参数进行试验分析,通过野外观测资料验证了模型对高寒草原冻土区水文过程的模拟效果。

建立了考虑三峡水库等调度运行影响下的水库模块,建立了水库水量平衡方程和水库常规调度模拟模型,提出了水库群调蓄下多阻断扩散波方程组的水文模型汇流方法,修正了水库影响下地表水、地下水、陆气间的水分能量过程,建立了水库模块与自然水循环模拟模型的双向耦合方法,提升了自然水循环模拟模型对径流的模拟效果。建立了冻土融水模块、水库调蓄作用模块、气陆耦合模式的集成方案(图10.1-1),实现了多模块间关键参数的动态传输与双向耦合,构建了精细化的长江上游暴雨洪水预报模型系统。

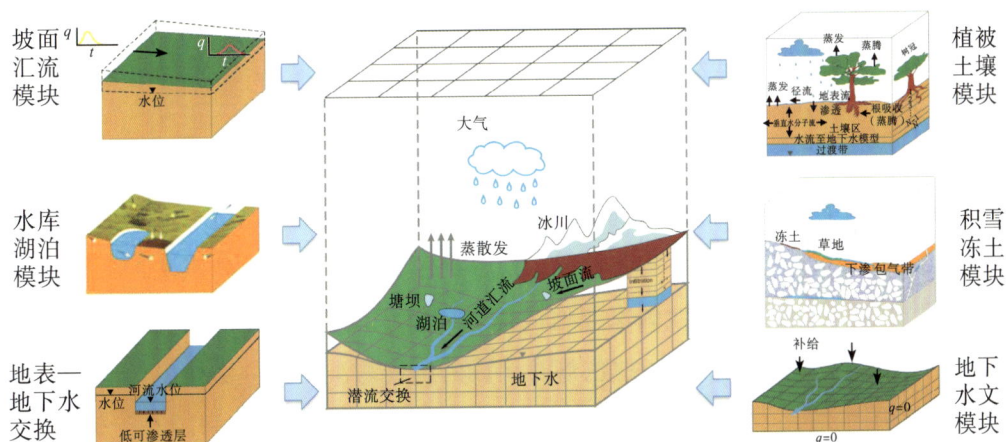

图 10.1-1 气陆耦合暴雨洪水模型系统

4)提高了暴雨洪水预报模拟精度

建立了洪水预报模型全链条不确定性因素的溯源与量化方法,通过对模型参数和结构的优化调整,构建的气陆耦合模型在长江上游得到了初步的应用和验证,对 2020 年长江发生的流域性大洪水中,预报精度较常规方法提高了 5% 以上,具有重要的理论和应用价值。在相关研究成果支撑下,"气候变化下青藏高原水文循环过程模拟预测关键技术及适应性对策"项目获得了西藏自治区科学技术二等奖。

10.1.3 《中华人民共和国防洪法》修改研究

(1)基本情况

项目负责人:姚仕明

项目牵头单位:长江水利委员会长江科学院

项目类别:水利部水利政策研究项目

项目执行期限:2022 年 1 月至 2024 年 12 月

项目研究内容:基于全面的防洪相关法律法规、政策文件、标准、文献资料收集和广泛的《中华人民共和国防洪法》(以下简称《防洪法》)实施情况调研,系统梳理国内外防洪立法体系,评估《防洪法》实施现状,分析《防洪法》与相关法律的衔接性,归纳新发展时期《防洪法》实施存在的问题与修改需求;结合专题调研与研究,明确《防洪法》修改的必要性、重要性,提出《防洪法》修改定位、思路和修改方向;参与《防洪法》条文修改,依据大范围、多层次、多轮次的意见征求,协助提出并完善《防洪法》修改草案稿。

(2)主要研究成果(阶段)

1)系统评估了《防洪法》实施成效,归纳了新发展时期《防洪法》修改需求

全面收集了防洪相关法律法规、政策文件、标准、文献资料,通过书面调研和实地调研相结合的形式对《防洪法》实施情况广泛开展了调研,掌握了《防洪法》实施现状;选取美国、欧盟、日本等代表性国家与地区深入了解了国外防洪防汛立法体系;从中央和地方两个层面理清了法律、法规、规章组成的国内防洪防汛立法体系;分析了《中华人民共和国水法》《中华人民共和国水污染防治法》《中华人民共和国水土保持法》《中华人民共和国长江保护法》《中华人民共和国黄河保护法》等其他防洪相关法律与《防洪法》的衔接性,归纳了新发展时期《防洪法》在防汛抗洪体制机制、流域统一治理、防洪规划衔接、山洪和城镇防洪除涝、河湖治理与保护、蓄滞洪区建设与管理、法

律保障与执法等方面存在的问题与针对性的修订需求。

2)明确《防洪法》修改的必要性、重要性,提出《防洪法》修改定位、思路和修改方向

围绕《防洪法》实施存在的问题,结合专题调研与研究,明确了新形势新要求下《防洪法》修改的必要性、重要性;定位了《防洪法》作为防洪领域的基础性法律和各项防洪工作的基本依据,应对各类防洪活动主体的基本权利和义务、法律责任作出基础性规定;基于《防洪法》的三次修正情况、实践中取得的成效,提出维持现有《防洪法》总体框架不变,拆分"防洪区与防洪工程的管理"章节为"防洪区管理"和"防洪设施管理与保护"两章,为强化蓄滞洪区管理和非防洪工程措施管理预留法律修改空间的修订思路;建议从厘清权责边界、强化薄弱环节、提炼成功经验、提升重视程度、加强法律衔接、更新术语表述等方向,分条文保留、条文修订和条文新增三种形式开展条文修订,支撑了《防洪法》修改立项。

3)参与《防洪法》条文修改与论证,协助提出并完善《防洪法》修改草案稿

通过政策分析、专家咨询、比选论证等方法,参与逐条提出条文保留、修改、新增、删除等修改建议,收集整理相关领导人讲话、法律法规、工作实践等依据,分析条文修改与其他法律法规衔接性,为条文修改提供依据支撑;广泛征求了水利系统、中央各部门、省级人民政府、社会公众意见,充分发挥执法主体和专家支撑以及公众参与作用,协助编制《防洪法》修改草案,与现行《防洪法》对照表和修改说明,明确了修改原则、草案框架和主要内容,针对新增、删除体制机制,权责划分调整,许可审批流程变更等重大修改予以说明。

10.2　水工程建设与运行

10.2.1　长江流域水工程多目标协同联合调度技术研究与应用

(1)基本情况

项目负责人:胡维忠

项目牵头单位:长江勘测规划设计研究有限责任公司

项目类别:国家重点研发计划

项目执行期限:2021年12月至2025年11月

项目研究内容:以三峡水库、荆江分洪区、南水北调中线工程等100余座水工程为对象,旨在突破水工程调度互馈影响下水文预报技术瓶颈,建立多目标融合水工程协同调度理论体系,攻克防洪、水资源、水环境、水生态等联合调度关键技术难题,形

成水工程多目标联合调度成套技术,编制《长江流域水工程联合调度方案》,构建智能调度模型并应用示范,提高水安全保障能力。

(2)主要研究成果(阶段)

1)分析了水工程影响下三峡库区产汇流特性变化

分别从降水、水面蒸发和区间径流等方面,辨析了水工程影响下三峡库区水文气象特性变化,揭示了三峡水库库区水陆蒸发差异成因及水表水热传输机制。

2)探明了蓄滞洪区组合运用对干流关键控制站点的分洪作用

依据收集的蓄滞洪区地形资料,构建了长江中下游水动力学模型,分片分析了蓄滞洪区组合运用对干流关键控制站点的分洪作用,进而提出了分洪损失计算方法,依据收集的蓄滞洪区社会经济资料,统计分析了蓄滞洪区分区运用损失。从分洪效果、经济风险、社会风险、生态风险四个角度出发,构建了蓄滞洪区运用调度评价指标体系。

3)提出了水库群汛期运行水位协同浮动运用技术

从预报来水信息和水库群调度规则出发,构建了梯级水库汛期运行水位协同浮动调度模型,基于提出的优化调度方案,相比当前调度技术,在不增加防洪风险的前提下,显著提升了水库群发电量和洪水资源利用率,并减少了弃水量(图 10.2-1)。

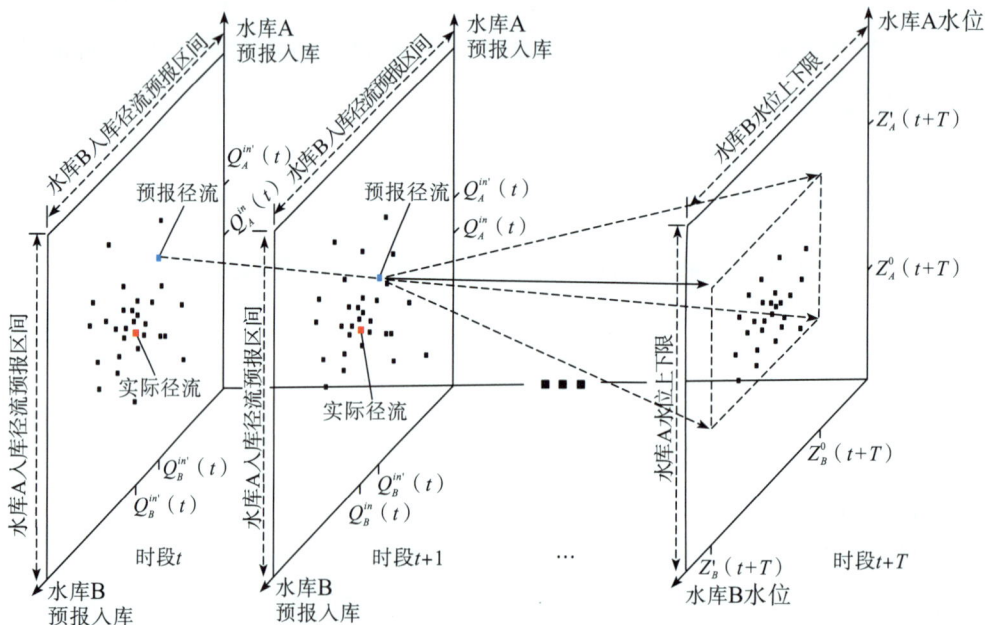

图 10.2-1　汛期运行水位动态控制域示意图

4)构建了针对长江上游产漂流性卵鱼类繁殖的生态调度技术

整合鱼类早期资源、水声学及环境 DNA 调查结果,精确得出保护区干流江段产漂流性卵鱼类的产卵场主要分布在合江下游江段,其中江津上游附近的金刚沱和油溪镇产卵场是长鳍吻鮈、长薄鳅等国家重点保护鱼类,以及铜鱼、圆筒吻鮈、中华金沙鳅等长江上游特有鱼类的主要产卵场;基于 2019—2023 年鱼类早期资源及水文数据,采用随机模型分析提出了重要鱼类长鳍吻鮈、铜鱼和圆筒吻鮈产卵时或产卵前的适宜水温和水文条件。

5)建立了水工程联合调度风险效益评价指标体系

提出了考虑主观偏好改进的 TOPSIS 和 CRITIC 多属性决策方法,融合专家的主观偏好经验,形成主客观柔性融合的多属性决策方法。基于提出的主客观柔性融合的多属性决策方法,对不同调度方案调控效果进行评价,优选最优方案,可为水工程协同联合调度调控效果评价和方案优选提供技术支撑。

10.2.2　堤坝渗漏隐患探测与防渗墙加固关键技术及应用

(1)基本情况

项目负责人:高江林

项目牵头单位:江西省水利科学院

项目类别:获奖项目(江西省科技进步奖一等奖)

项目执行期限:2023 年

项目研究内容:堤坝安全事关国民经济发展和社会稳定,渗漏问题是防洪安全的最大隐患,堤坝防渗体加固是防洪保安的关键举措。针对堤坝防渗体渗漏隐患探测精度不足,复杂地层建设质量可靠度不高、加固处置技术时效性不强等难题,采用试验研究、现场监测、数值模拟、理论分析、材料与工艺研发、装备研制等方法,深入开展堤坝渗漏隐患精准探测技术、复杂地层混凝土防渗墙系统加固技术、高聚物防渗墙快速修复技术应用研究,通过产学研用协同创新,取得主要成果如下:

(2)主要研究成果

1)堤坝渗漏隐患精准探测技术

围绕堤坝防渗加固的针对性,建立了匹配不同渗漏对象的堤坝渗漏隐患地球物理电性参数响应特征库,揭示了不同高密度电阻率反演方法对渗漏探测精度的影响规律;提出了堤坝时移电法探测方法,研发了堤坝渗漏隐患精准探测技术,解决了渗漏隐患精准探测难问题;提出了适用于堤坝隐患精准、高效探测的综合物探技术体系,突破了单一堤坝隐患探测技术的局限性(图 10.2-2、图 10.2-3)。

图 10.2-2　永修九合联圩

图 10.2-3　东乡幸福水库

相关成果在江西省病险堤坝渗漏隐患探测中得到广泛应用,显著提升渗漏隐患探测精度和效率,为历次鄱阳湖区圩堤防汛工作提供了重要支撑,为峡江水利枢纽工程库区防护工程、瑞昌市高泉水库等堤坝加固工程提供了重要勘察成果支撑。

2)复杂地层混凝土防渗墙加固技术

围绕堤坝防渗加固的可靠性,揭示了墙体混凝土抗压、抗渗性能的损失规律及与成墙深度的变化关系,提出了混凝土防渗墙体混凝土配合比优化设计方法和墙体混凝土质量控制标准;提出了集束可控高喷防渗墙施工技术,形成了复杂地层系列混凝土防渗墙高效加固技术;研发了低强度墙体全孔质量成套检测技术,开发黏土防渗体填筑质量的鉴定检测方法,解决复杂地层防渗体加固可靠度不高、加固建设周期长、施工成本大的问题(图 10.2-4、图 10.2-5)。

图 10.2-4　集束可控高喷施工技术

图 10.2-5　全孔原状取芯技术

相关成果实现了堤坝渗漏难题的可靠加固及堤坝加固施工和运行全过程变形的数值与物理模拟,揭示了不同工程条件下防渗墙及堤坝体的变形稳定规律,提出了预防坝顶裂缝的设计与施工方法。形成了系列行业工法和标准,为混凝土防渗墙加固建设与安全运行提供了重要支撑。

3)复杂地层帷幕防渗墙施工技术

围绕堤坝防渗加固的及时性,建立了集安全性和经济性的多目标优化模型,揭示了注浆量、抬升速度、渗透压力等因素对浆液扩散行为的影响规律及灌浆过程中的浆—岩(土)耦合机理;提出了高聚物防渗墙体性能指标与连续完整性的检测方法及质量标准;拓展了高聚物修复材料在防渗墙渗漏应急处置的应用范围,实现堤坝渗漏隐患快速、经济处置的有效提升(图10.2-6、图10.2-7)。

相关成果实现了中小型土质堤坝渗漏隐患高效、便捷、经济处置,构成了混凝土防渗墙加固技术的有力补充,有效提升堤坝渗漏隐患加固施工技术水平和工程安全保障能力。

图10.2-6 都昌县东风联圩

图10.2-7 樟树市邹家水库

10.3 水生态环境保护与修复

10.3.1 长江经济带干流水环境水生态综合治理与应用

(1)基本情况

项目负责人:夏军

项目牵头单位:中国科学院

项目类别:A类战略性先导科技专项项目

项目执行期限:2019年1月至2023年12月

项目研究内容:项目针对长江流域水安全科学问题,基于流域水系统科学及"水—土—气—生"与"人地关系"耦合,开展科技创新,从感知体系、模拟体系和服务体系建设着眼,研发长江模拟器。

(2)主要研究成果

在感知体系方面,研制了中国科学院自主知识产权、基于高光谱遥感等水环境监测装备,构建了"空—天—地"一体化监测系统与信息平台;在模拟体系方面,构建了与模拟器耦合的鄱阳湖—洞庭湖水文—水动力—水生态模型,提出了通江湖泊有效连通新的水文连通性定义,科学解释了通江湖泊水质时空差异;构建了与长江模拟器耦合的长江岸线面源污染模型,量化了长江陆向岸线污染拦截效率,科学估算长江中下游岸线面源污染总负荷;通过长江模拟器耦合三峡水库调度模型,首次建立了考虑水生生物全生命周期水文需求的三峡水库生态调度方案,为长江生物栖息地修复提供了科学建议;创新了强调城市化的水文学基础的都市非线性水文模型(TVGM-Urban V1.0),增强了复杂条件下都市水循环模拟能力。在服务体系方面,研发了长江模拟器公众版小程序,为公众宣传与公众参与长江大保护奠定了基础。2023 年,长江模拟器决策版研发完成,并通过第三方测试。2023 年 3 月,与中国环境监测总站签署合作协议,并提供了流域水质模拟长序列成果。2023 年 7 月,向生态环境部国家长江生态环境保护修复联合研究中心持续推送模拟、评估及预测成果,直接服务于长江保护修复攻坚战。长江模拟器在国际学科前沿发展产生了重要影响。项目首席多次被特邀在国际重要水大会报告长江模拟器,应邀在国际顶尖期刊 *Nature Water* 首刊撰文介绍长江模拟器。2023 年 9 月,项目首席在北京第 18 届世界水资源大会上做了"长江模拟器"讲座报告,并荣获国际水资源协会(IWRA)颁发的"周文德水奖及讲座荣誉"。项目成果应用到水利部、生态环境部、自然资源部、应急管理部、三峡集团、国家发改委宏观经济研究院、重庆市人民政府、武汉市人民政府和九江市人民政府等国家多部委和地方政府部门,产生了重要影响、应用和留得住的发展潜力。项目成果在国际和国内产生了重要影响,为长江大保护和长江经济带建设等国家战略提供了重要科技支撑,对提升流域管理水平和创新区域绿色发展模式具有重大的科学和实践意义。

10.3.2 基于指示种的长江生态系统健康"评估—诊断—预测"管理平台构建与应用

(1)基本情况

项目负责人:范子武

项目牵头单位:南京水利科学研究院

项目类别:国家重点研发计划

项目执行期限:2022 年 11 月至 2026 年 4 月

项目研究内容:长江流域跨度大,地形多变,不同水生生态系统物种类型及其表现形式复杂多样,信息量庞杂,造成长江流域水生生态系统健康系统难以形成整体性的归一化评判管理系统。该项目拟在长江流域城镇化发展与气候变化的复杂环境下,明确长江流域指示种及其表现形数据的归一化管理技术,建立快捷高效的长江流域指示种及其表现形数据库,提出长江流域典型水体多元强化"评估—诊断—预测"手段与快速应对技术,为长江大保护提供算力、算据支撑。

(2)主要研究成果(阶段)

1)建立了长江流域典型湖库生态系统健康评估数据库

通过资料整理、野外调查和专家访谈等手段,联合经典形态学、环境基因组学的指示种监测技术,攻克了从单类群向多类群、从单一特征向多水平特征的指示种数据库建设壁垒,形成了长江流域湖库典型生物类群物种分布清单。在此基础上,归纳整理其历史种群规模动态变化、空间分布、生活史等生态与进化特征,形成了长江流域湖库重要代表性物种名录及其基础信息数据库。指示种数据库覆盖长江流域八大湖库(太湖、巢湖、鄱阳湖、洞庭湖、滇池、三峡、丹江口、葛洲坝)水生态系统五大类群(浮游生物、水生植物、底栖动物、鱼类及鸟类)物种,物种库物种数大于200 个。研究了长江流域八大湖库浮游生物、底栖动物、鱼类及鸟类中重要指示种的时空分布特征。

2)开发了长江典型湖库生态系统健康评估管理平台

围绕长江生态系统健康"评估—诊断—预测"管理平台建设相关需求分析的基础上,明确了系统需要构建与对接的数据需求。按照不同数据来源与接入方式进行分类数据接口设计,系统对接其他子项的成果数据,设计对接规范,开发相应的统一数据接口。依据系统数据访问与服务共享技术规定,系统输出的各种评价体系、评价结果、考核指标等数据设计标准的输出规范,基于标准的互联网协议定制交换接口。在此基础上,汇集项目成果,整合国家重点研发计划"长江水生态系统重要指示种及生态系统健康评估研究"项目产生的数据、模型、方法等研究成果,开展了系统功能、流程和部署实施研究,遵循分期分类原则制定健康管理平台的框架和数据库部署方式。

10.4 河湖治理与保护

10.4.1 三峡水库下游河道不平衡输沙机制与演变规律研究

（1）基本情况

项目负责人:卢金友

项目牵头单位:长江水利委员会长江科学院

项目类别:国家自然科学基金长江水科学研究联合基金

项目执行期限:2022 年 1 月至 2025 年 12 月

项目研究内容:采用实测资料分析、室内模型试验、数学模型计算及理论分析相结合的方法,分析水库下游干流河道沿程水沙变异程度,研究泥沙沿程恢复过程规律及趋势;辨析不同类型河道演变的驱动因子及其影响权重,研究河流渐变演化过程中不同河型转化的促发机制;构建滞后响应模型和预测模型,预测水库下游河床坡降平衡趋向性规律和不同河型河道的中长期演变趋势,提出不平衡输沙河道多目标水沙调控方法和治理措施。

（2）主要研究成果(阶段)

1）阐明了水库下游不同粒径组泥沙沿程恢复规律

粗颗粒泥沙恢复距离短、效率高,细颗粒泥沙恢复距离长、效率低;基于马尔可夫随机过程和悬移质扩散理论,提出了考虑床沙组成影响的分组悬沙恢复饱和系数计算方法,定量分析了床沙组成对分组悬沙恢复速度的影响机理,即中沙和粗沙恢复距离与床沙组成的中沙及粗沙比重成反比,细沙含沙量恢复主要与水流挟沙力有关（图 10.4-1）。

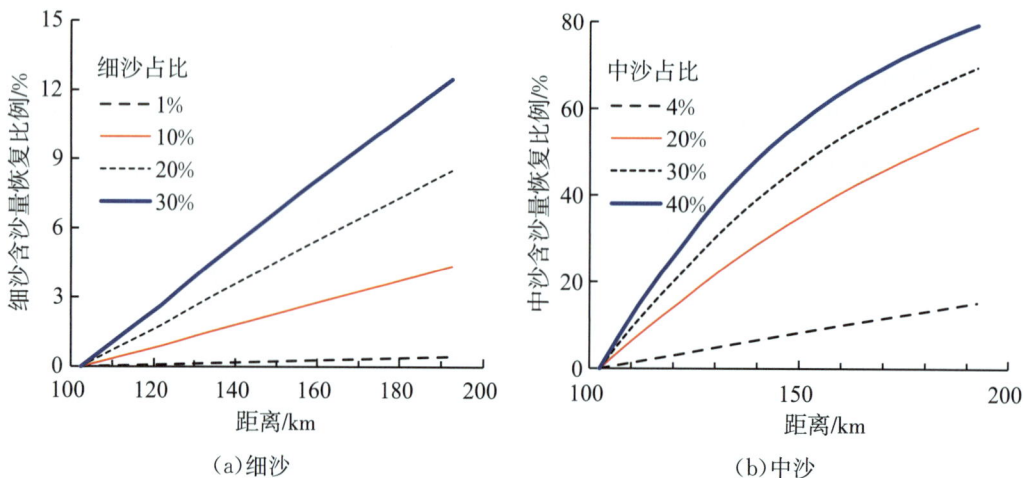

（a）细沙　　　　　　　　（b）中沙

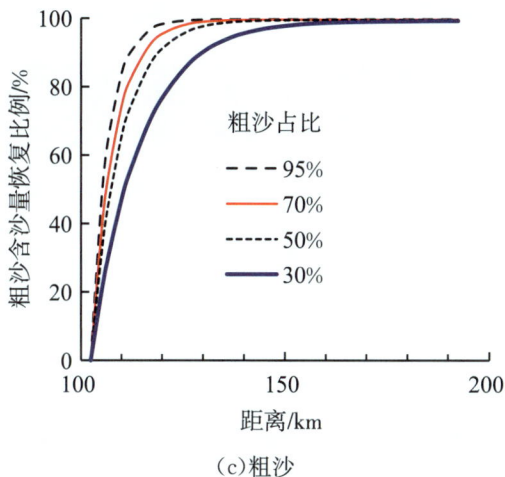

(c)粗沙

图 10.4-1　床沙组成对分组悬沙沿程恢复过程的影响

(2)定量预测了水库下游河道平衡纵比降及中长期冲淤平衡趋向

提出了水库下游河道平衡纵比降预测方法,并预测了三峡水库下游宜昌至城陵矶河段平衡纵比降:宜昌、宜都、上荆江、下荆江河段平衡纵比降为 0.27‰、0.20‰~0.21‰、0.032‰~0.034‰、0.030‰~0.031‰;建立了冲积河流非平衡态调整过程的数学刻画方法,预测了长江中游各河段冲刷再造相对平衡时间:宜昌至枝城、荆江、城陵矶至武汉和武汉至湖口段分别约为 30 年、110 年、130 年和 140 年(图 10.4-2)。

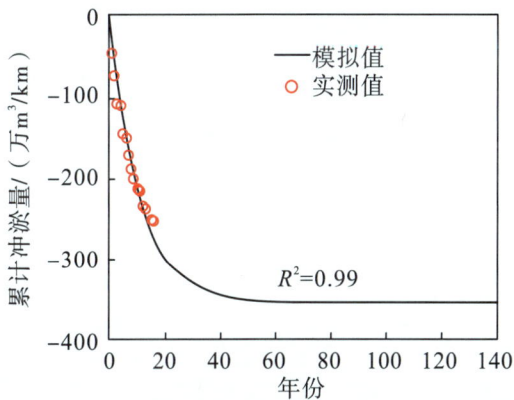

(a)宜昌至枝城河段

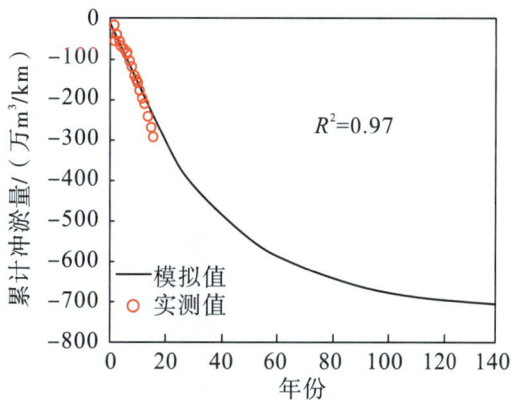

(b)荆江河段

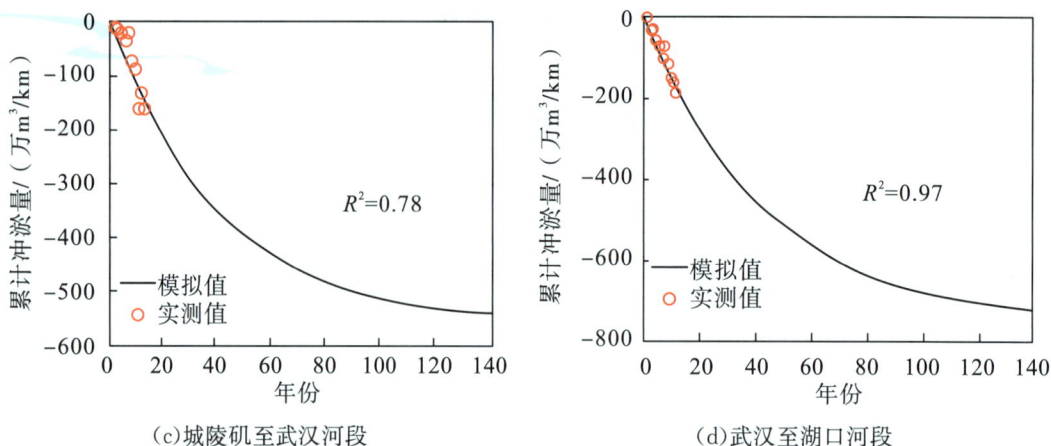

(c)城陵矶至武汉河段　　　　　　　(d)武汉至湖口河段

图 10.4-2　长江中游各河段冲刷再造相对平衡时间

10.4.2　长江通江湖泊演变机制与洪枯调控效应研究

（1）基本情况

项目负责人：姚仕明

项目牵头单位：长江水利委员会长江科学院

项目类别：国家自然科学基金长江水科学研究联合基金

项目执行期限：2022 年 1 月至 2025 年 12 月

项目研究内容：该项目以长江中下游两大通江湖泊——洞庭湖和鄱阳湖为研究对象，针对湖泊围垦、淤积带来的问题，研究百年来通江湖泊冲淤格局与变化规律，识别湖泊泥沙冲淤的自然和人为影响，阐明通江湖泊冲淤演变机制及其对江湖关系的影响，预测未来湖区冲淤情景和江湖关系演变趋势，并据此分析对通江湖泊洪枯调控功能的定量影响，以期为增强通江湖泊洪水调蓄和水资源调节功能提供科学支撑。

（2）主要研究成果（阶段）

1）揭示了百年来两湖冲淤格局及其时空变化规律

集成了 1950s 以来长江中下游干流和两湖多源的原型观测数据（水沙、地形、钻孔、遥感影像等），建立了通江湖泊冲淤数据库，结合数理统计和小波分析，阐明了 1950s 以来两湖水沙通量变化特征及近期极端洪枯水情发生原因；开展了基于水沙通量平衡的还原计算，反演了洞庭湖和鄱阳湖平均沉积速率分别为 12.26cm/100a 和 6.9cm/100a，重构了 1920s 以来江湖系统水沙序列，分析获得了洞庭湖与鄱阳湖百年累计淤积量分别为 138 亿 t 和 4.5 亿 t，揭示了 1920s 年以来两湖冲淤演变的阶段性变化特征和空间分布格局变化规律(图 10.4-3)。

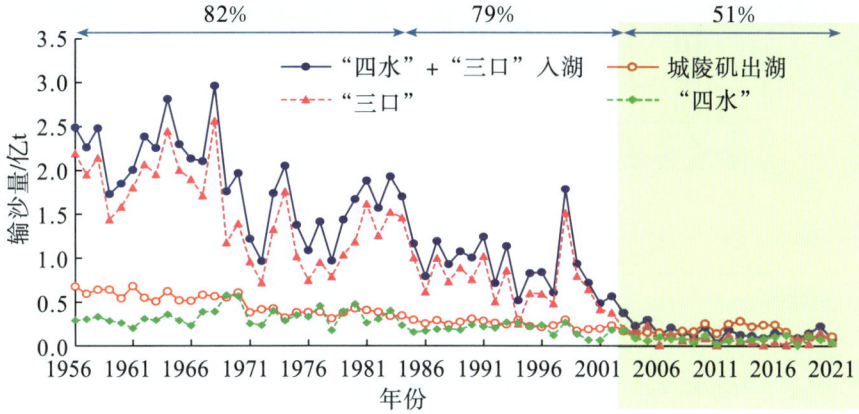

（a）洞庭湖输沙量

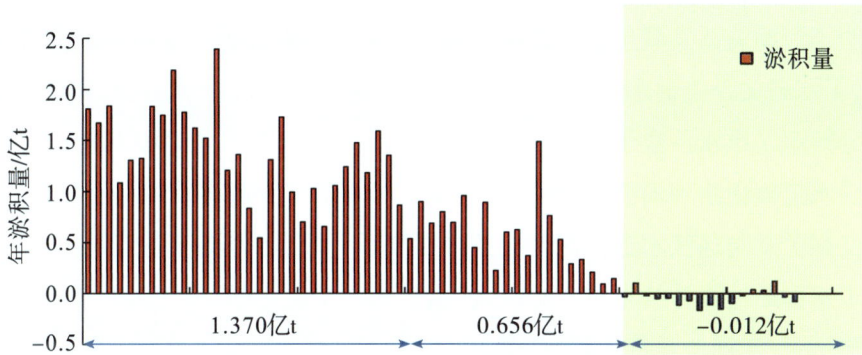

（b）洞庭湖淤积量

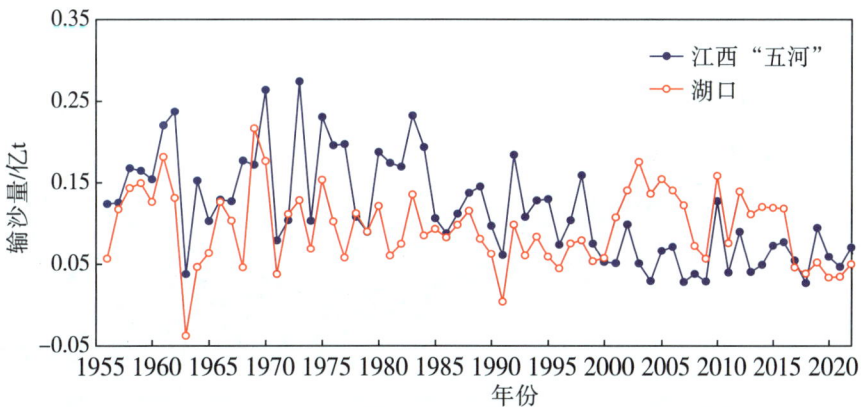

（c）鄱阳湖输沙量

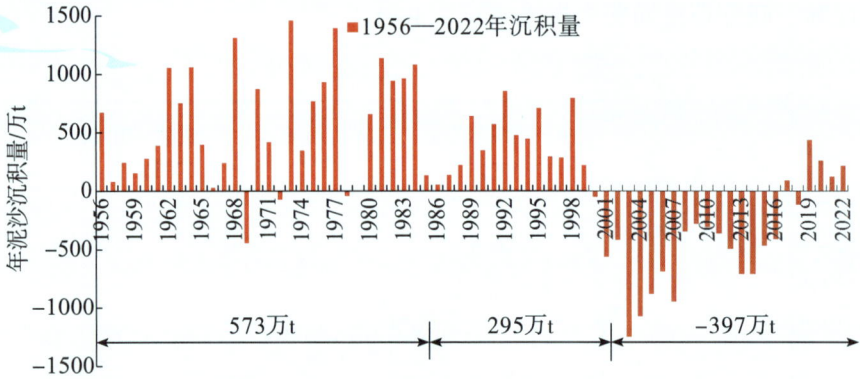

（d）鄱阳湖淤积量

图 10.4-3　洞庭湖及鄱阳湖 1954—2023 年输沙及淤积特征

2）揭示了两湖及通江水道冲淤演变对江湖关系的影响机理

阐明了江湖关系发展历程及影响因素，识别了两湖及通江水道冲淤演变主控因素，提出了江湖关系关键水文过程的量化指标；建立了长江—洞庭湖、长江—鄱阳湖系统高分辨率二维水沙数学模型，以及长江分流入洞庭湖水道、洞庭湖入江水道、鄱阳湖入江水道概化物理模型，模拟了不同水文年两湖水沙输移及河（湖）床冲淤过程，阐明了江湖关系与通江水道冲淤变化的内在联系，预计随着干流持续冲刷，同流量下入江水道水面纵比降持续增加，入江水道也会随之发生冲刷，长江对两湖的拉空作用将进一步增强，江湖关系持续调整（图 10.4-4）。

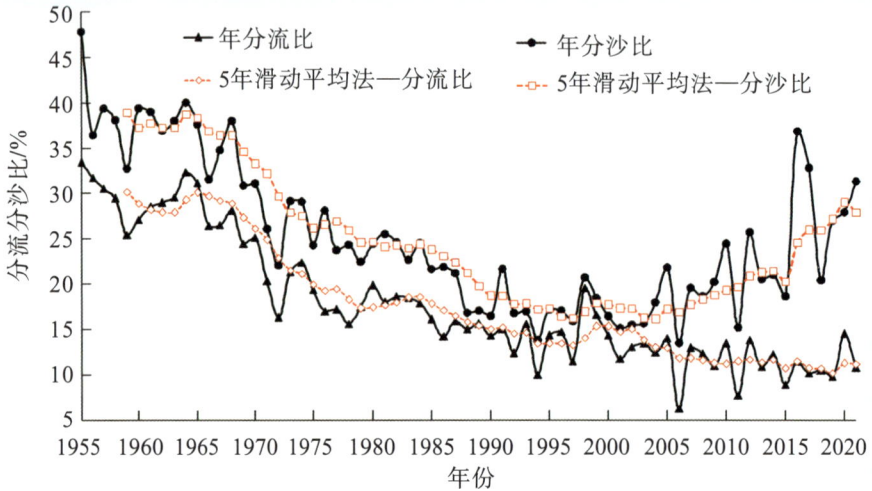

（a）"三口"分流分沙比

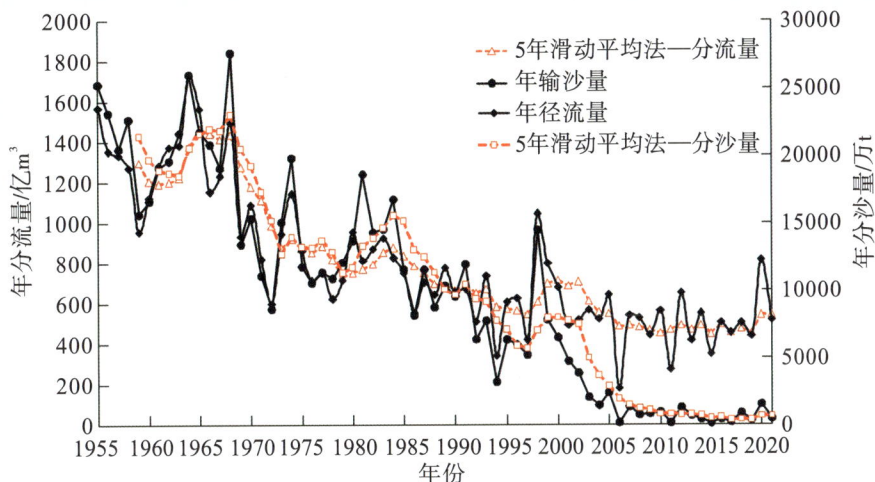

（b）"三口"分流分沙量

图 10.4-4　1955—2020 年三口分流分沙比及分流分沙量

3）预测了通江湖泊未来入湖水沙通量及冲淤情景

考虑了长江上游 30 座水库的拦沙影响，建立了长江上游水库群水沙数学模型，采用 1991—2000 年沙量修正系列，预测了不同水库群联合调度方式下三峡水库出库水沙过程；考虑了洞庭湖"四水"和鄱阳湖"五河"上已建、拟建控制性水库的拦沙影响，基于经验模型预测了未来 100 年两湖入湖水沙过程；在此基础上利用自主研发的江湖河网一、二维水沙数学模型，预测了未来长江中下游干流及两湖的冲淤变化趋势，到 2050 年，长江中下游干流河道冲刷 35.39 亿 m³，洞庭湖区累积淤积 1.12 亿 m³（其中荆江三口分洪道累积冲刷 1.17 亿 m³、洞庭湖主湖区累积淤积 2.29 亿 m³），鄱阳湖区累积冲刷 0.56 亿 m³。

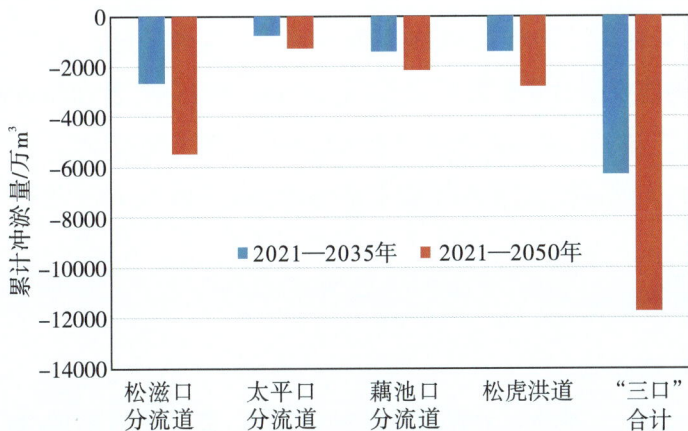

（a）荆江"三口"洪道冲淤量

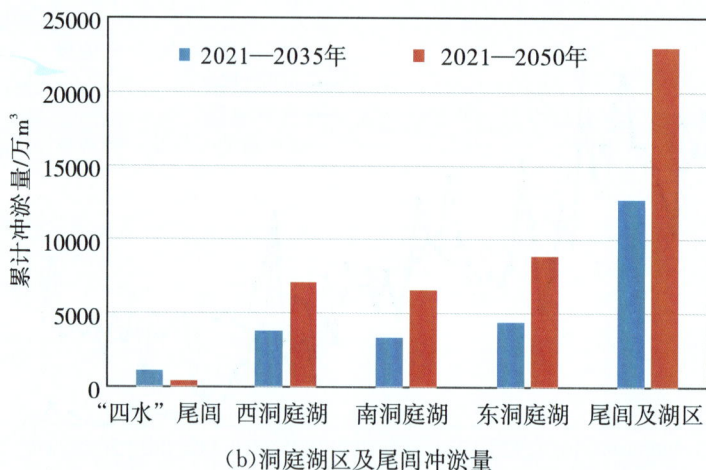

（b）洞庭湖区及尾闾冲淤量

图 10.4-5　荆江"三口"、洞庭湖区及尾闾河段冲淤量统计

10.5　智慧水利建设

10.5.1　数字孪生建设关键技术与集成示范

（1）基本情况

项目负责人：王敏

项目牵头单位：长江水利委员会长江科学院

项目类别：中央级公益性科研院所基本科研业务费专项资金项目

项目执行期限：2023 年 1 月至 2024 年 12 月

项目研究内容：本项目通过解决数字孪生建设中部分关键技术问题，突破基于多源遥感数据的快速处理、变化发现、自动分类、时空统计、动态建模、预测预警、质量控制等技术瓶颈，研究高时空分辨率数据底板构建管理与增量更新技术；建立通用水利专业模型库并构建模型引擎和服务平台，实现对模型的有效管理和对业务需求的充分响应；研发基于知识图谱和机器学习的水利知识管理关键技术，为数字孪生知识智能驱动提供技术支撑；提出防洪和工程安全"四预"技术体系，并开展数字孪生平台集成与示范应用。

（2）主要研究成果

1）搭建了数据底板

采集江垭、皂市大坝及上下游河段的倾斜摄影、数字正射影像、数字高程模型，澧水干流、溇水、溧水等重点河段水下地形，制作江垭、皂市大坝枢纽工程高精度

BIM 模型,创新实现了"天—空—地—水"多维立体感知体系,初步建成了澧水流域 L2 级和江垭皂市工程 L3 级数据底板。同时,利用 GIS＋BIM＋UE 技术,构建了水库库区及大坝下游河道实景三维数字化场景,实现对物理流域与工程的数字化映射。

2)提出了防洪技术体系

融合机理模型和智能优化算法,构建了一系列多维水文、水动力和工程调度模型,实现"降雨—产流—汇流—调度—演进"全过程模拟,为防洪"四预"业务应用提供了关键的模型支撑(图 10.5-1)。

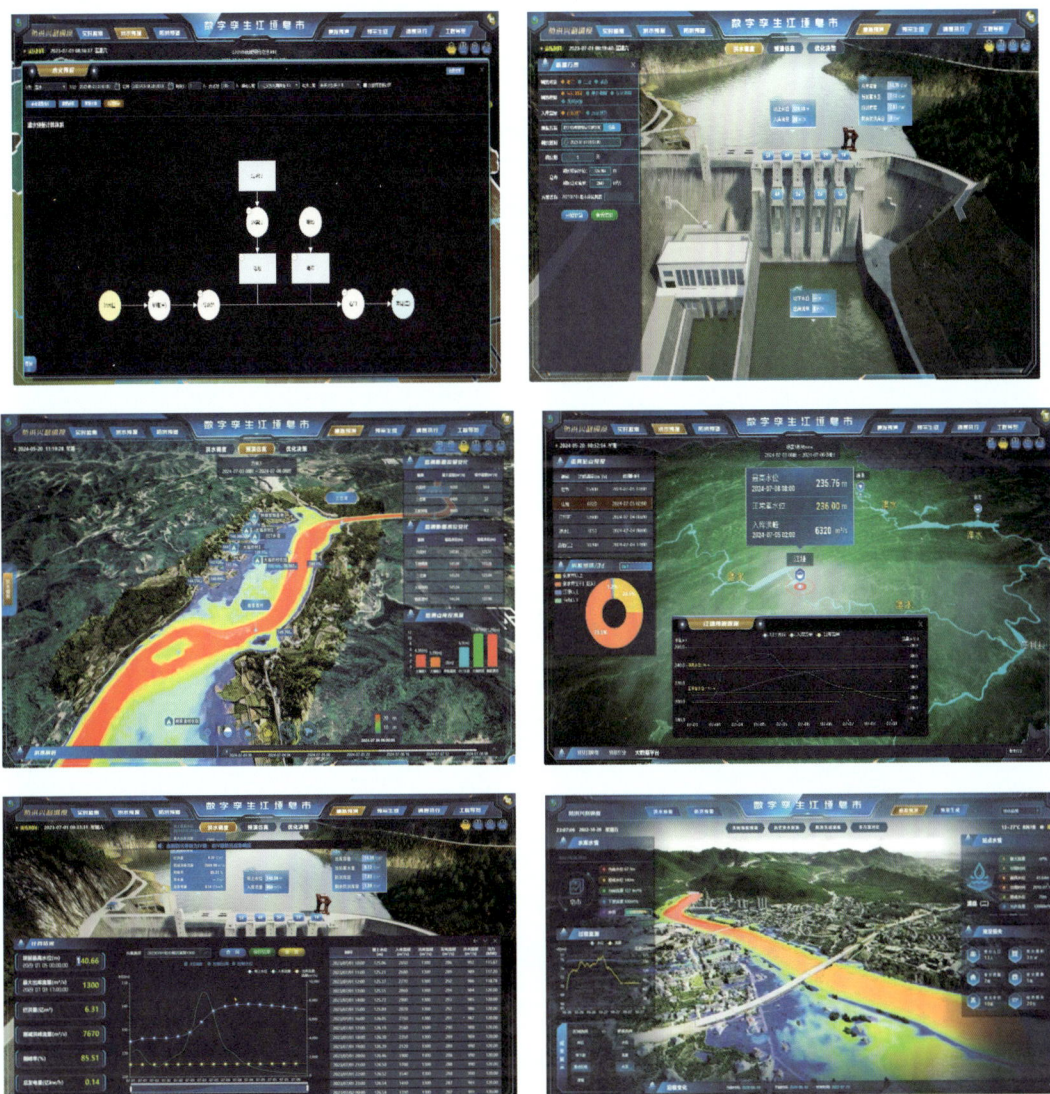

图 10.5-1 洪水预报—调度—演进一体化模型

3)构建了工程安全技术体系

综合运用数理统计、结构计算与机器学习算法,构建汛期工程安全监测分析—预测—预警—评价全链条专业模型,有效提升了特大洪水等极端工况下的工程安全监控预警能力。相关成果已集成至数字孪生江垭皂市平台,并成功应用于江垭、皂市水库安全度汛工作及长江委水库防汛抢险应急演练。

附 录

附录1　长江治理与保护科技创新联盟成员单位

序号	单位全称	单位简称
发起单位		
1	水利部长江水利委员会	长江委
2	生态环境部长江流域生态环境监督管理局	长江局
3	交通运输部长江航务管理局	长航局
4	农业农村部长江流域渔政监督管理办公室	长江办
5	国家自然资源督察武汉局	
6	中国科学院武汉分院	
7	中国气象局长江流域气象中心	长江流域气象中心
8	中国长江三峡集团有限公司	三峡集团
9	中国节能环保集团有限公司	中国节能
成员单位		
10	长江水利委员会长江科学院	长科院
11	中国水利水电科学研究院	中国水科院
12	水利部交通运输部国家能源局南京水利科学研究院	南京水科院
13	水利部中国科学院水工程生态研究所	水生态所
14	长江水资源保护科学研究所	水保科研所
15	中国气象科学研究院	
16	中国水产科学研究院长江水产研究所	
17	生态环境部南京环境科学研究所	
18	中国林业科学院湿地研究所	
19	中国科学院水生生物研究所	水生所
20	中国科学院南京地理与湖泊研究所	南京地湖所
21	中国科学院成都山地灾害与环境研究所	成都山地所
22	中国科学院重庆绿色智能技术研究院	
23	浙江省水利河口研究院（浙江省海洋规划设计研究院）	
24	安徽省水利部淮河水利委员会水利科学研究院	

续表

序号	单位全称	单位简称
25	江西省水利科学院	
26	湖北省水利水电科学研究院	
27	湖南省水利水电科学研究院	
28	中国科学院地理科学与资源研究所	
29	清华大学	
30	北京大学	
31	河海大学	
32	武汉大学	
33	华中科技大学	
34	天津大学	
35	复旦大学	
36	华中农业大学	
37	武汉理工大学	
38	华东师范大学	
39	重庆大学	
40	四川大学	
41	三峡大学	
42	长江生态环保集团有限公司	
43	长江设计集团有限公司	长江设计集团
44	汉江水利水电(集团)有限责任公司	汉江集团公司
45	长江三峡通航管理局	
46	长江航道局	
47	长江水利委员会水文局	长江委水文局
48	湖北省水利水电勘测设计院	
49	华中师范大学	
50	中国地质大学(武汉)	
51	湖北省地质局	
52	长江大学	
53	中国地质调查局武汉地质调查中心	

附录 2　2023 年长江治理与保护大事记

1 月

1 日　长江国家文化公园(重庆段)十大重点项目启动。

3 日　中共中央办公厅、国务院办公厅印发《关于加强新时代水土保持工作的意见》。

18 日　长江中游宜昌至昌门溪河段航道整治二期工程通过交通运输部竣工验收。

19 日　水利部以第 54 号令发布《长江流域控制性水工程联合调度管理办法(试行)》,该办法将于 2023 年 3 月 1 日起施行。

31 日　长江禁捕退捕工作专班印发《2023 年长江禁渔系列专项执法行动计划》,对 2023 年长江禁渔系列专项执法行动进行部署。

2 月

2 日　水利部办公厅公布《数字孪生流域建设先行先试应用案例推荐名录(2022年)》,其中数字孪生丹江口项目和数字孪生汉江流域项目成功入选为全国数字孪生流域建设先行先试优秀应用案例。

20 日　长江航道局在长江秭归段通航水域开展常压潜水系统 ADS 试验验收,完成 167.6m 深潜测试,刷新内河潜水纪录。

22 日　滁河流域水量分配方案获水利部批复。

28 日　白鹤滩水电站 16 台百万千瓦机组全部通过验收。

3 月

20 日　水利部 2023 年重点推进的重大水利工程之一——西藏自治区拉萨市旁多引水工程开工建设。

24 日　水利部发布消息,确定我国进入汛期。

31 日　联盟成员单位共有 2 个科技创新基地获批全国重点实验室。

4 月

3 日　长江航运公共服务平台——"长江 e+"对外正式发布。

23 日　生态环境部联合国家发改委、财政部、水利部、国家林业和草原局等部门印发了《重点流域水生态环境保护规划》。

25日 长江办会同湖北省有关保护区管理部门和科研单位开展我国首次迁地保护长江江豚野化放归工作。

28日 国家首个数字孪生流域建设重大项目——长江流域全覆盖水监控系统建设项目开工建设。

5月

10日 鄱阳湖区域的首个蓄滞洪区安全工程——江西鄱阳湖康山蓄滞洪区安全建设工程(总投资11.65亿元)在上饶市余干县正式开工建设。

25日 长江干线北斗卫星地基增强系统工程建成投用,实现长江干线北斗卫星地基增强信号全覆盖。中共中央、国务院印发《国家水网建设规划纲要》。

30日 湖北省出台全国首例省级地方标准——《河道疏浚砂综合利用实施方案编制导则》。

6月

1日 水利部、最高人民法院、最高人民检察院、公安部、司法部等五部门首次联合开展河湖安全保护专项执法行动。

4日 向家坝至三峡水库联合生态调度试验顺利完成,调度期间流经沙市断面的漂流性鱼卵总径流量创历史新高。

6日 生态环境部、国家发改委、水利部、农业农村部联合印发《长江流域水生态考核指标评分细则(试行)》。

9日 长航局会同长江水系13个省(直辖市)在2023世界动力电池大会上共同发布"电化长江"倡议。

28日 水利部、自然资源部联合印发实施《地下水保护利用管理办法》。

29日 《2023年长江流域水工程联合调度运用计划》获水利部批复。

7月

5日 文化和旅游部、国家文物局、国家发改委联合印发《长江文化保护传承弘扬规划》。

9日 黄金峡水利枢纽正式下闸蓄水,引汉济渭工程一期调水工程完工。

16日 引汉济渭工程正式向陕西省西安市通水。

8月

16日 由流域管理机构出台的首个水资源调度管理方面的流域规范性文

件——《水利部长江水利委员会水资源调度管理实施细则》印发实施。

30 日 《长江流域及西南诸河水资源公报 2022》正式发布。

31 日 三峡船闸投入运行 20 年来首次单月货运量突破 1500 万 t。

9 月

1 日 长江三角洲"三省一市"启动长江禁渔联合执法行动。

11 日 第十八届世界水资源大会在北京市开幕。

21 日 国家发改委在湖北省宜昌市召开长江经济带高质量发展工作推进会暨共抓长江大保护现场会。

27 日 三峡集团成立 30 周年。

29 日 汉江 2023 年第 1 号洪水在汉江上游形成,丹江口水库入库流量 15100 m^3/s。

10 月

2 日 汉江 2023 年第 2 号洪水在汉江中游形成,皇庄站水位 48.02m。

12 日 中共中央总书记、国家主席、中央军委主席习近平在江西省南昌市主持召开进一步推动长江经济带高质量发展座谈会并发表重要讲话。

12 日 丹江口水库大坝加高后继 2021 年以来第二次蓄至 170m 正常蓄水位。

20 日 三峡水库自 2010 年以来第 13 年完成蓄至 175m 蓄水目标。

25 日 《金沙江乌东德水电站运行水位重大变动环境影响评价报告书》正式获得生态环境部批复。

30 日 水利部在湖北省武汉市召开数字孪生三峡建设调度会。

31 日 长江干流宜宾至宜昌河段、长江干流宜昌至河口河段等 2 条跨省江河流域水量分配方案获水利部和国家发改委联合批复。

11 月

13 日 南水北调中线一期工程自全面通水以来,陶岔渠首已累计调水达 600 亿 m^3。

27 日 中共中央政治局会议审议《关于进一步推动长江经济带高质量发展若干政策措施的意见》。

28 日 四川、重庆、云南、陕西、贵州省(直辖市)在贵州省遵义市召开共同推进长江上游地区航运高质量发展战略合作第三次交流会,共同签署《五省(市)长江上游地区航运高质量发展合作备忘录》。

30 日 中共中央总书记、国家主席、中央军委主席习近平在上海市主持召开深入推进长江三角洲一体化发展座谈会并发表重要讲话。

30 日 2023 年中国·老挝渔政联合执法暨增殖放流活动在云南省西双版纳州举行。

12 月

1 日 江苏省人民政府与安徽省人民政府正式签署《关于建立长江流域横向生态保护补偿机制合作协议》。

7 日 水利部召开推进丹江口库区及其上游流域水质安全保障工作会议,推进水质安全保障任务落实落地。

8 日 交通运输部办公厅印发《关于加快推进长江航运信用体系建设的意见》。

12 日 南水北调中线一期工程正式通水 9 周年。

18 日 长江治理与保护创新发展暨三峡工程蓄水运用 20 年学术研讨会在湖北省武汉市召开,《长江治理与保护报告 2023》正式发布。